大学院への
ミクロ経済学
講義

中村 勝之 著

現代数学社

はしがき

　毎年良質の経済学テキストが出版されています．経済学の最新動向を広く紹介する啓蒙書からイラストや図表を多用した「超」入門書，高度な分析手法を正面から解説したものまで，実にさまざまです．でも書棚を見ていて，いわゆる「中級レベル」のテキストが案外少ないことに気づきます．入門書を紐解いて経済学を学ぶ面白さを感じた読者が次のステップに進むとき，そのレベルのあまりの違いに戸惑ってしまう読者が少なからずいるはずです．その原因の1つに，議論の展開に高度な数学を駆使していることが挙げられます．だから次のステップのためには数学を何としても克服しなければなりません．幸いにして良質な経済数学のテキストが数多くありますが，質・量ともに膨大な内容を見て途方に暮れた人もいるかもしれません．せっかく入門書で経済学の基礎を理解できた読者が次に進むには非常に高いハードル，これを少しでも軽減することはできまいか…．本書はこうした問題意識のもとで書かれた「中級」ミクロ経済学のテキストです．

　とはいえ，他のテキストとはいささか趣を異にした内容となっています．そこで本書の執筆方針について若干説明しておきます．これは姉妹書である『大学院へのマクロ経済学講義』と共通のものです．

　（1）解説の素材のすべてが大学院入試問題である：

　これは本書の企画に由来するものです．本書は，『理系への数学』誌上で15回にわたって連載された経済系大学院の入試問題の解説がベースになっています．その意味で本書のメインターゲットとする読者層は大学院進学を目指す学生・社会人はもちろんのこと，国家Ⅰ・Ⅱ種および地方上級公務員試験合格を目指す受験生や，経済学検定試験（ERE）で高得点を目指したい人々となるかもしれません．各章に配置された例題および練習問題の合計は100問近くに上り，これらを解くことでかなりの実力をつけることができるはずです．その意味で本書はどちらかというと演習テキストという性格を持っています．

　（2）問題から見えてくる経済学的意味をフォロー：

　ミクロ経済学に限っても，良質な演習テキストが数多くあります．で

も，問題の解答が経済学的に何を意味するのかについての解説があまり見受けられません．いわゆる中級以上のテキストにも例題や練習問題がありますが，その答えに対する意味づけを解説しているものも稀です．これは中級程度の内容をある程度理解した上で実際に手を動かして問題を解く，すなわち「解説⇒演習」という勉強スタイルを具現化したものだからです．これはこれで効率的な勉強スタイルですが，本書では敢えて「演習⇒解説」という逆の体裁を採用しています．演習テキストを用いて勉強する場合，解けた達成感で終わってしまう可能性が否定できません．もちろんこの達成感が勉強を継続する原動力となるのは間違いありません．しかし出題される問題には必ず意図があり，それはテキストにちりばめられています．だから，問題を解きながら出題の意図がテキストのどの部分に該当するかまで把握できない限り，計算はできても正解には到達しません．本書では意識的に，演習を通じて得た答えをもとに解説に立ち返るという形で勉強の目先を変えています．こうすることで，少しでも多角的に経済学を理解できるのではないかと期待しています．その意味で本書は（大学院進学や公務員試験などの）目的に限定されず，学部中級程度から大学院初級程度のミクロ経済学を学習する読者に広く読んで欲しいと願っています．

（3）中級ミクロに最低限必要な数学をフォロー：

これは最後まで悩みました．付録として最低限必要な数学上の諸定理・公式を列挙しようかとも考えましたが，それでは却って読者の勉強の妨げとなる．かといって一旦本格的に解説してしまうと，それこそ「芋づる式」に内容が膨れ上がってしまう．そこで両者の折衷として，ミクロ経済学で使用する線型代数と微分法のうち本書で使用するものに限って，必要最低限の解説を第1〜3章で与えることにしました．こうすることで断片的な数学の理解しか得られない反面，中級レベルならばこの程度の知識で十分であるという（経済数学上の）指針を示したつもりです．

次に本書の第4章以降の構成について若干説明します．

第4〜6章ではミクロ経済学の「基礎編」として，消費者・生産者それぞれの行動から完全競争市場へ至る筋道が解説されています．第7・8章では第1の「応用編」として，いわゆる不完全競争市場について解説して

います．そして第 9 章では第 2 の「応用編」として，いわゆる市場の失敗と公共部門の役割について解説しています．この章は『大学院へのマクロ経済学講義』との対比で意識的に入れたものです．マクロ経済学では不況回復のための政府による需要創出が強調されていますが，ミクロ経済学において政府は，外部効果の除去やインフラに代表される公共財の供給を担う部門として強調されています．こうした役割の違いがモデルの上でどのように反映されているのかを感じ取って欲しいところです．最後に第 10・11 章では第 3 の「応用編」として，不確実性の経済分析と契約理論を解説しています．特に第 11 章は現在のミクロ経済分析の重要なトピックである反面，（トピックであるがゆえに）この分野を解説したテキストが少ないことを考慮して入れました．なお入門書でも解説されるゲーム理論に関しては，それを直接扱った問題が少なかったことと，ゲーム理論で扱われる概念が本書でもちりばめられていること，そして良質なテキストがあることに鑑みて，本書での掲載は割愛させていただきました．

　ミクロ経済学はマクロ経済学に比べて厳密な体系性を持っています．だから勉強のアプローチとしては第 1 章からの経済数学をしっかり押さえるのが王道かもしれません，でも第 4 章から始めて必要に応じて第 1 〜 3 章を紐解くという方法がいいでしょう．他方で基本的な議論はつまらなく感じてしまう部分でもあるので，第 7 章以降の応用から始めて，必要に応じて第 4 〜 6 章に立ち返るというのもいいかもしれません．

　経済学のどこに興味を惹かれるのかが人それぞれであるように，一番効率よく勉強できるアプローチ・スタイルも人それぞれです．そのことも配慮して執筆したつもりですが，一番肝心なことは一度勉強すると決意したのなら，ある程度の見通しがつくまで決して投げ出さないことです．粘り強く本書にかじりつくこと，そのことが皆さんの未来を切り開くはずです．本書がその粘りを促す一助となるのなら，筆者としてこれほど至福の瞬間はありません．是非チャレンジしてください．

　　2009 年 5 月

　　　　　　　　　　　　　　　　　　　　　　　中村　勝之

新装版へのはしがき

　2009 年に姉妹書『大学院へのマクロ経済学講義』とともに本書初版が刊行されました．経済系の大学院入試の過去問を解説しながらミクロ経済学を勉強するというスタイルは当時にはまだなく，それなりに注目はされるだろうとは思いつつも良書が数多くあるエリアなだけに，ここまで長く読者の皆様に愛読してもらえるとは刊行当時は思いもよりませんでした．そしてこの度，先行する『大学院へのマクロ経済学講義』の新装版刊行を受けて，本書も新装版としてリニュアルされることになりました．

　現代数学社から本書新装版刊行の打診を受けて，近年の大学院入試のミクロ経済学分野の出題傾向を軽く調べてみて，…思わず悲鳴を上げてしまいました．本書初版刊行から 10 数年の時を経て，ミクロ経済学の出題が相当難しくなっていました．その潮流を牽引しているのがゲーム理論です．私が経済学を勉強した 1990 年代，ゲーム理論はまだミクロ経済学の一応用分野という位置づけでしたが，オークション理論，マッチング理論，メカニズムデザイン論などの諸理論が急速に発達する中で，ゲーム理論はミクロ経済分析の中心的なツールになるまで成熟しました．それに加えて，行動経済学や実験経済学も新たな知見をもたらしてくれます．

　こうした潮流の中で，従来のミクロ経済学の位置づけは相対的に低くなる印象があります．でも，私はそう思っていません．ゲーム理論や行動経済学にしても，根元にあるのは特定状況における人間の行動です．その際，従来のミクロ経済学の枠組みでは捉え切れない領域を近年の新たな理論的潮流が担っている，そう考えます．経済システムは人類が構築した概念です．その中で財・サービスを媒介にして人がどう振る舞うか，そこを理解する素材としてのミクロ経済学はやはり重要だと思います．

　とはいえ，経済理論は数学の知識がある程度備わってないと理解の前段階で心が折れてしまう．そこを何とか踏みとどまらせたい…そう願って本書を執筆しましたが，問題が解けることでミクロ経済学の理解が進むとも思っていません．問題の背後にある人間像，ここへの想像力をどんどん膨らませていくことができれば，ミクロ経済学の勉強が楽しくて仕方なくなるはずです．

2022 年 3 月
研究室から見える春霞に思いをはせつつ
中村 勝之

目　次

第 **1** 章

線型代数の基礎

　線型代数は，次章の微分法や第 3 章の最適化問題と並んで経済分析にあらゆるところに顔を出します．たとえば第 4 章以降の計算途中でほぼ確実に**連立方程式**が出てきますし，多変数関数の極大・極小を判断する際に利用される 2 次形式は線型代数の知識が必須です．そのため入試問題にも結構な頻度で出題されています．本章では後の各章での利用を念頭において，線型代数の基礎的事項について解説することにします．

1．連立方程式と行列式

　本節ではベクトルや行列の話をする前に，連立方程式に関する事項を押さえておきます．その際重要となるのが行列式です．ここでは行列式の計算方法を中心に解説していくことにします．

1．1．連立方程式の解の公式　～クラメールの公式～

　たとえば x, y を未知数とする 2 元 1 次連立方程式，

$$\begin{cases} a_{11}x + a_{12}y = b_1 \\ a_{21}x + a_{22}y = b_2 \end{cases} \tag{1-1}$$

の解を代入法を使って求めましょう．たとえば(1-1)の第 2 式を y について解いたもの $y = (b_2 - a_{21}x)/a_{22}$ を第 1 式に代入して整理します．

$$(a_{11}a_{22} - a_{12}a_{21})x = a_{22}b_1 - a_{12}b_2$$

ここで $a_{11}a_{22} - a_{12}a_{21} \neq 0$ とすれば，

$$x = \frac{a_{22}b_1 - a_{12}b_2}{a_{11}a_{22} - a_{12}a_{21}} \tag{1-2a}$$

となり，これを $y = (b_2 - a_{21}x)/a_{22}$ に代入すれば，

$$y = \frac{a_{11} b_2 - a_{21} b_1}{a_{11} a_{22} - a_{12} a_{21}} \tag{1-2b}$$

と計算することができます.

　さて(1-2)式右辺の分母は(1-1)式左辺にある係数のみから計算され，しかも同じ形をしています．そこで，(1-1)式左辺の係数をそのままの配置で取り出したもの $\begin{pmatrix} a_{11} & a_{12} \\ a_{21} & a_{22} \end{pmatrix}$ と(1-2)式分母の計算との対応を見ていきましょう．容易に分かるように，分母は左上の数字（以下**成分**とよぶ）a_{11} と右下の成分 a_{22} をかけたものから右上の成分 a_{12} と左下の成分 a_{21} をかけたものを引いています．少し一般的に言い換えます．たとえば a_{11} に注目します．このとき a_{22} をかけるのは，それが a_{11} を起点にして横（以下横の数字の並びを**行**という．一般に行は上から数えて第 i 行という）にも縦（以下縦の数字の並びを**列**という．一般に左から数えて第 j 列という）にも並ばない成分だからと見ることができます．同じ論理は a_{11} の右隣にある a_{12} についても当てはまります．a_{12} にかける成分が a_{21} なのは，それが a_{12} を起点にして第 1 行にも第 2 列にも並ばない成分だからと見ることができます．こうして分かった(1-2)式分母の計算と係数の配置を対応させて，

$$a_{11} a_{22} - a_{12} a_{21} \equiv \begin{vmatrix} a_{11} & a_{12} \\ a_{21} & a_{22} \end{vmatrix} \tag{1-3a}$$

と書くことにします．これを（2 次の）**行列式**といいます.

　(1-2)式分母が(1-3a)式のような対応があるとすれば，分子についても同様の対応があるのではと考えるのが自然です．たとえば(1-2a)式右辺分子に注目すると，a_{12}, a_{22} が(1-3a)式と同じ位置にあれば，

$$a_{22} b_1 - a_{12} b_2 = \begin{vmatrix} b_1 & a_{12} \\ b_2 & a_{22} \end{vmatrix} \tag{1-3b}$$

という対応が成立します．これと(1-3a)式右辺を比べると，第 1 列にある係数の並び $\begin{pmatrix} a_{11} \\ a_{21} \end{pmatrix}$ が(1-1)式における定数項の並び $\begin{pmatrix} b_1 \\ b_2 \end{pmatrix}$ に置き換わった形になっています．同じことは(1-2b)式右辺分子にも言えて，

$$a_{11} b_2 - a_{21} b_1 = \begin{vmatrix} a_{11} & b_1 \\ a_{21} & b_2 \end{vmatrix} \tag{1-3c}$$

となります．この場合は第2列にある係数の並び $\begin{pmatrix} a_{12} \\ a_{22} \end{pmatrix}$ が $\begin{pmatrix} b_1 \\ b_2 \end{pmatrix}$ に置き換わった形になっています．これらの対応を使って(1-2)式を書き換えると，

$$x = \frac{\begin{vmatrix} b_1 & a_{12} \\ b_2 & a_{22} \end{vmatrix}}{\begin{vmatrix} a_{11} & a_{12} \\ a_{21} & a_{22} \end{vmatrix}} \qquad y = \frac{\begin{vmatrix} a_{11} & b_1 \\ a_{21} & b_2 \end{vmatrix}}{\begin{vmatrix} a_{11} & a_{12} \\ a_{21} & a_{22} \end{vmatrix}} \tag{1-4}$$

と行列式を使って解が表現可能となり，これを連立方程式の解の公式である**クラメールの公式**とよびます．x は(1-1)式左辺第1項にある未知数なので定数項の配置は第1列に，y は左辺第2項にある未知数なので定数項の配置は第2列にくるという対応になっています．

　クラメールの公式は一般に n 元1次連立方程式に拡張できるのですが，念のため3元1次連立方程式でもこの公式が成り立つことを確認します．

　x, y, z を未知数とする連立方程式，

$$\begin{cases} a_{11}x + a_{12}y + a_{13}z = b_1 \\ a_{21}x + a_{22}y + a_{23}z = b_2 \\ a_{31}x + a_{32}y + a_{33}z = b_3 \end{cases} \tag{1-5}$$

を解きます．しかし現時点でこれに対応するクラメールの公式の形を知りません．そこで1つ変数を消去して(1-4)式に持ち込みましょう．たとえば(1-5)の第3式を z について解いた式 $z = (b_3 - a_{31}x - a_{32}y)/a_{33}$ を第1式および第2式に代入して整理します．

$$\begin{cases} (a_{11}a_{33} - a_{13}a_{31})x + (a_{12}a_{33} - a_{13}a_{32})y = a_{33}b_1 - a_{13}b_3 \\ (a_{21}a_{33} - a_{23}a_{31})x + (a_{22}a_{33} - a_{23}a_{32})y = a_{33}b_2 - a_{23}b_3 \end{cases}$$

こうして(1-4)式が適応できます．結果が複雑なので x のみを示します．

$$x = \frac{(a_{22}a_{33} - a_{23}a_{32})(a_{33}b_1 - a_{13}b_3) - (a_{12}a_{33} - a_{13}a_{32})(a_{33}b_2 - a_{23}b_3)}{(a_{11}a_{33} - a_{13}a_{32})(a_{22}a_{33} - a_{23}a_{32}) - (a_{12}a_{33} - a_{13}a_{32})(a_{21}a_{33} - a_{23}a_{31})}$$

$$= \frac{a_{22}a_{33}b_1 + a_{13}a_{32}b_2 + a_{12}a_{23}b_3 - a_{13}a_{22}b_2 - a_{12}a_{33}b_2 - a_{23}a_{32}b_1}{a_{11}a_{22}a_{33} + a_{12}a_{23}a_{31} + a_{13}a_{21}a_{32} - a_{13}a_{22}a_{31} - a_{12}a_{21}a_{33} - a_{11}a_{23}a_{32}}$$

ただし分母の値はゼロでないとします．この場合にも答えの分母は(1-5)式左辺

の係数のみから計算されています．この結果と係数の配置 $\begin{pmatrix} a_{11} & a_{12} & a_{13} \\ a_{21} & a_{22} & a_{23} \\ a_{31} & a_{32} & a_{33} \end{pmatrix}$

との対応を考えましょう．そのために分母を a_{11}, a_{12}, a_{13} のある項でまとめます．

$$a_{11}(a_{22}a_{33} - a_{23}a_{32}) - a_{12}(a_{21}a_{33} - a_{23}a_{31}) + a_{13}(a_{21}a_{32} - a_{22}a_{31})$$

そして先ほどの一般的考え方を当てはめます．まず第1項の（　）内は a_{11} を起点にして第1行にも第1列にもない係数の配置 $\begin{pmatrix} a_{22} & a_{23} \\ a_{32} & a_{33} \end{pmatrix}$ から計算される行列式になっており，これを（2次の）**小行列式**といいます．同じ要領で，第2項の（　）内は a_{12} を起点にして第1行にも第2列にもない係数の配置 $\begin{pmatrix} a_{21} & a_{23} \\ a_{31} & a_{33} \end{pmatrix}$ の行列式，そして第3項の（　）内は a_{13} を起点にして第1行にも第3列にもない係数の配置 $\begin{pmatrix} a_{21} & a_{22} \\ a_{31} & a_{32} \end{pmatrix}$ の行列式となっています．よって分母の計算と係数の配置を対応させて，

$$a_{11}a_{22}a_{33} + a_{12}a_{23}a_{31} + a_{13}a_{21}a_{32} - a_{13}a_{22}a_{31} - a_{12}a_{21}a_{33} - a_{11}a_{23}a_{32} = \begin{vmatrix} a_{11} & a_{12} & a_{13} \\ a_{21} & a_{22} & a_{23} \\ a_{31} & a_{32} & a_{33} \end{vmatrix}$$

と書くことにし，[1] これも（3次の）行列式になります．

　分子に関しては定数項 b_1, b_2, b_3 のある項でまとめて上記の対応を考えると，

$$a_{22}a_{33}b_1 + a_{13}a_{32}b_2 + a_{12}a_{23}b_3 - a_{13}a_{22}b_3 - a_{12}a_{33}b_2 - a_{23}a_{32}b_1 = \begin{vmatrix} b_1 & a_{12} & a_{13} \\ b_2 & a_{22} & a_{23} \\ b_3 & a_{32} & a_{33} \end{vmatrix}$$

と書くことができます．x は(1-5)式左辺第1項にある変数なので，係数の配置から第1列の配置を定数項の並びに置き換えた形になっており，2元1次連立方程式と同じ構造を持っていることが分かります．よって(1-5)式を満たす x, y, z は，

---

[1]　前半3項は（どの行および列からも1つだけ選んで）左上から右下へ成分の積を行い，後半3項は（どの行および列からも1つだけ選んで）右上から左下へ成分の積を行っています．この行列式の計算パターンが至極単純なので，**サラスの公式**といいます．ただしこれは成分が3行3列に配置されている場合にのみ適応されるもので，注意が必要です．

$$x=\frac{\begin{vmatrix} b_1 & a_{12} & a_{13} \\ b_2 & a_{22} & a_{23} \\ b_3 & a_{32} & a_{33} \end{vmatrix}}{\begin{vmatrix} a_{11} & a_{12} & a_{13} \\ a_{21} & a_{22} & a_{23} \\ a_{31} & a_{32} & a_{33} \end{vmatrix}}, \quad y=\frac{\begin{vmatrix} a_{11} & b_1 & a_{13} \\ a_{21} & b_2 & a_{23} \\ a_{31} & b_3 & a_{33} \end{vmatrix}}{\begin{vmatrix} a_{11} & a_{12} & a_{13} \\ a_{21} & a_{22} & a_{23} \\ a_{31} & a_{32} & a_{33} \end{vmatrix}}, \quad z=\frac{\begin{vmatrix} a_{11} & a_{12} & b_1 \\ a_{21} & a_{22} & b_2 \\ a_{31} & a_{32} & b_3 \end{vmatrix}}{\begin{vmatrix} a_{11} & a_{12} & a_{13} \\ a_{21} & a_{22} & a_{23} \\ a_{31} & a_{32} & a_{33} \end{vmatrix}} \qquad (1\text{-}6)$$

と書くことができます．これが3元1次連立方程式に対応するクラメールの公式です．これをみても，連立方程式で変数のでる順番と分子で定数項の並びの配置に対応関係があることが分かります．

1．2．行列式の計算 ～余因数展開～

さて先ほどの説明で行列式の計算結果に小行列式が含まれることをみました．ここで成分 a_{ij} で括りだした際の小行列式を D_{ij} と書くことにすると，係数のみからなる行列式は，

$$\begin{vmatrix} a_{11} & a_{12} & a_{13} \\ a_{21} & a_{22} & a_{23} \\ a_{31} & a_{32} & a_{33} \end{vmatrix} = a_{11}D_{11} - a_{12}D_{12} + a_{13}D_{13} \qquad (1\text{-}7\text{a})$$

と書けます．ここで右辺に注目すると，第2項のみが前にマイナスがついています．なぜでしょう？厳密な証明はあるのですが，ここではそれを避けて成分 a_{ij} の下添え字 i, j に目をつけます．すると(1-7a)式右辺第2項のみが $i+j$ の値が奇数になっており，他の項は偶数になっています．つまり $i+j$ が偶数（奇数）のときに小行列式の前につく符号がプラス（マイナス）に対応するとみることができます．そこでこの関係を $(-1)^{i+j}D_{ij}$ とかき，これに A_{ij} という記号を与えます[2]．これを a_{ij} 成分の**余因数**（**余因子**ともいう）とよび，(1-7a)式を書き換えた，

2）　$i+j$ が奇数のとき D_{12} は，

$$-\begin{vmatrix} a_{21} & a_{23} \\ a_{31} & a_{33} \end{vmatrix} = a_{23}a_{31} - a_{21}a_{33} = \begin{vmatrix} a_{23} & a_{21} \\ a_{33} & a_{31} \end{vmatrix}$$

となります．ここで右辺に注目すると，もとの行列式の第1列と第2列を入れ替えたものになっています．一般に第 i 列（行）と第 j 列（行）を入れ替えたものの行列式の値は，入れ替える前の行列式にマイナスをつけたものに一致します．

$$\begin{vmatrix} a_{11} & a_{12} & a_{13} \\ a_{21} & a_{22} & a_{23} \\ a_{31} & a_{32} & a_{33} \end{vmatrix} = a_{11}A_{11} + a_{12}A_{12} + a_{13}A_{13} \qquad (1\text{-}7\mathrm{b})$$

のことを，行列式の（第1行に沿った）**余因数**（ないしは**余因子**）展開といいます．これはジグザグに a_{ij} 成分を選ばない限り，任意の行や列に沿って展開することができ，これを通じて行列式の計算を行っていきます．

以上の解説から分かる例題についてみていくことにしましょう．

例題1

① 連立方程式 $\begin{cases} x - 3y + 2z = 1 \\ y = 2 \\ 2x - y = -1 \end{cases}$ を解きなさい.

〔H17年度　東北大学〕

② 連立方程式 $\begin{cases} x_1 - x_2 - 3x_3 = 0 \\ 2x_1 - 2x_2 - 6x_3 = 0 \\ 3x_1 - 3x_2 - 9x_3 = 0 \end{cases}$ を解きなさい.

〔H19年度　東北大学〕

---

① 第2式で $y = 2$ と分かり，これを第3式に代入すれば $x = 1/2$，そしてこれらを第1式に代入すれば z も簡単に答えを求めることができます．でもせっかくですから(1-6)式と(1-7a)式を利用しましょう．

$$x = \frac{\begin{vmatrix} 1 & -3 & 2 \\ 2 & 1 & 0 \\ -1 & -1 & 0 \end{vmatrix}}{\begin{vmatrix} 1 & -3 & 2 \\ 0 & 1 & 0 \\ 2 & -1 & 0 \end{vmatrix}} = \frac{2\begin{vmatrix} 2 & 1 \\ -1 & -1 \end{vmatrix}}{2\begin{vmatrix} 0 & 1 \\ 2 & -1 \end{vmatrix}} = \frac{1}{2}, \quad y = \frac{\begin{vmatrix} 1 & 1 & 2 \\ 0 & 2 & 0 \\ 2 & -1 & 0 \end{vmatrix}}{\begin{vmatrix} 1 & -3 & 2 \\ 0 & 1 & 0 \\ 2 & -1 & 0 \end{vmatrix}} = \frac{2\begin{vmatrix} 0 & 2 \\ 2 & -1 \end{vmatrix}}{2\begin{vmatrix} 0 & 1 \\ 2 & -1 \end{vmatrix}} = 2$$

$$z = \frac{\begin{vmatrix} 1 & -3 & 1 \\ 0 & 1 & 2 \\ 2 & -1 & -1 \end{vmatrix}}{\begin{vmatrix} 1 & -3 & 2 \\ 0 & 1 & 0 \\ 2 & -1 & 0 \end{vmatrix}} = \frac{\begin{vmatrix} 1 & 2 \\ -1 & -1 \end{vmatrix} + 2\begin{vmatrix} -3 & 1 \\ 1 & 2 \end{vmatrix}}{2\begin{vmatrix} 0 & 1 \\ 2 & -1 \end{vmatrix}} = \frac{13}{4}$$

② すべての式の定数項がゼロなので答えはゼロといえそうです．ただしこれは分母の行列式がゼロではないときのみ言えることです．そこで係数の配置から計算される行列式，

$$\begin{vmatrix} 1 & -1 & -3 \\ 2 & -2 & -6 \\ 3 & -3 & -9 \end{vmatrix}$$

を求めてみましょう．しかし第2行に注目すると，その成分のすべては共通因数2をもっています．行列式の計算にある成分同士の（1つの）積において，同じ行（列）にある成分が同時に選ばれることはありません．この事実はある行（列）にある共通因数は，行列式の外に括り出せることを意味します．同じ考えで第3行を眺めると共通因数3があることが分かり，これも行列式の外に括り出せます．よってこの行列式は，

$$6\begin{vmatrix} 1 & -1 & -3 \\ 1 & -1 & -3 \\ 1 & -1 & -3 \end{vmatrix}$$

とすべての行に同じ成分が同じ順序で並ぶことが分かります．ところが一般に第 i 行（列）と第 j 行（列）に同じ成分が並んだ行列式の値はゼロになります．実際に第1列に沿って余因数展開を行うと，

$$\begin{vmatrix} 1 & -1 & -3 \\ 1 & -1 & -3 \\ 1 & -1 & -3 \end{vmatrix} = \begin{vmatrix} -1 & -3 \\ -1 & -3 \end{vmatrix} - \begin{vmatrix} -1 & -3 \\ -1 & -3 \end{vmatrix} + \begin{vmatrix} -1 & -3 \\ -1 & -3 \end{vmatrix} = 0$$

となります．この結果3本ある方程式は $x_1 = x_2 + 3x_3$ に集約され，これを満たす未知数の組合せであればいくつも解が存在する，言い換えると与式を満たす解は一意に存在しないことを意味します．

これを一般的な表現で言うと，定数項がすべてゼロであるような n 元1次連立方程式において $x_1 = \cdots = x_n = 0$ 以外の解を持つとき，係数の配置から計算される行列式はゼロであるということです．[3)]

2．ベクトルと行列の基本演算

本節ではベクトルと行列の演算を中心に，これらの基本的性質についてみて

---

3) この結果を**消去法の原理**といいます．

いくことにします.

2. 1. 予備的知識

　ベクトルは元々物理学の概念で,物体の動く方向を矢印で,その物体に及ぶ力を線分の長さで表現したものです(ベクトルが有向線分とよばれる由来がここにある).高校数学では $\vec{a},\vec{b}$ と表現(これを幾何ベクトルともいう)していましたが,ここでは平面(あるいは空間)上の座標として捉えることにします.たとえば平面上の座標を与えたとき,定点(通常は原点)からの方向と大きさが分かります.いまこれを,

$$\boldsymbol{a}=(a_1 \quad a_2)$$

とあらわすとき,これを行(ないしは横)ベクトル,

$$\boldsymbol{a}=\begin{pmatrix} a_1 \\ a_2 \end{pmatrix}$$

とあらわすとき,これを列(ないしは縦)ベクトルといいます.ここでは成分が2個の2次元ベクトル,ないしは成分が3個の3次元ベクトルを考察の中心にします.なお特殊なベクトルとして,成分がすべてゼロのベクトル $\boldsymbol{a}=(0 \quad 0)$ をゼロベクトル(以下 **0**),長さが1のベクトル($\boldsymbol{a}=(1 \quad 0)$, $\boldsymbol{a}=(0 \quad 1)$ など)を単位ベクトル(以下 e)とよびます.[5]

　次に n 次元行ベクトルを縦に m 個並べたもの,あるいは m 次元列ベクトルを横に n 個並べたもの,

$$A=\begin{pmatrix} a_{11} & a_{12} & \cdots & a_{1n} \\ a_{21} & a_{22} & \cdots & a_{2n} \\ \vdots & \vdots & \cdots & \vdots \\ a_{m1} & a_{m2} & \cdots & a_{mn} \end{pmatrix}$$

を($m \times n$ 型)行列といいます.ただしここでは $m=n$,すなわち縦と横に同じ数の成分が並んだ正方行列,特に直感と今後の内容との対応で 2×2 型ないしは 3×3 型を中心に解説していきます.なお特殊な正方行列として,すべて

---

4)　正確にはベクトルの長さをノルムといいます.
5)　本書で使用しませんが,列(行)ベクトルを基準にして,それを行(列)ベクトルに表現を変えるとき $\boldsymbol{a}^T$ と書きます.これを転置ベクトルといいます.

の成分がゼロであるもの，

$$\begin{pmatrix} 0 & 0 \\ 0 & 0 \end{pmatrix} \qquad \begin{pmatrix} 0 & 0 & 0 \\ 0 & 0 & 0 \\ 0 & 0 & 0 \end{pmatrix}$$

を**ゼロ行列** O，左上隅から右下隅の対角線上に並ぶ対角成分のすべてが 1 で，それ以外の成分がゼロであるもの，

$$\begin{pmatrix} 1 & 0 \\ 0 & 1 \end{pmatrix} \qquad \begin{pmatrix} 1 & 0 & 0 \\ 0 & 1 & 0 \\ 0 & 0 & 1 \end{pmatrix}$$

を**単位行列** I といいます[6]．

2．2．和とスカラー倍

以上を念頭に，ここではベクトルと行列の基本演算についてみていきます．

まずベクトルおよび行列における和とスカラー倍の演算を定義します．2 つの 2 次元ベクトル $\boldsymbol{a}=(a_1 \quad a_2)$, $\boldsymbol{b}=(b_1 \quad b_2)$ が与えられたとき，

$$\boldsymbol{a}+\boldsymbol{b}=(a_1+b_1 \quad a_2+b_2)$$

によって和を定義します[7]．つまりベクトルの和は同じ位置にある成分を足せばいいわけです．同様の考え方にたって，たとえば 2×2 型の正方行列 $A=\begin{pmatrix} a_{11} & a_{12} \\ a_{21} & a_{22} \end{pmatrix}$, $B=\begin{pmatrix} b_{11} & b_{12} \\ b_{21} & b_{22} \end{pmatrix}$ において行列の和を，

$$A+B=\begin{pmatrix} a_{11}+b_{11} & a_{12}+b_{12} \\ a_{21}+b_{21} & a_{22}+b_{22} \end{pmatrix}$$

で定義します．

---

[6] 行列 A の第 1 行を第 1 列に，第 2 行を第 2 列に…と行と列を順次入れ換えた行列，

$$\begin{pmatrix} a_{11} & a_{21} & \cdots & a_{m1} \\ a_{12} & a_{22} & \cdots & a_{m2} \\ \vdots & \vdots & \cdots & \vdots \\ a_{1n} & a_{2n} & \cdots & a_{mn} \end{pmatrix}$$

を**転置行列**といい，A^T で表します．

[7] 以下の説明は行ベクトルを用いて行いますが，もちろん列ベクトルでも結果は同じです．

次に 2 次元ベクトル $\boldsymbol{a}$ と実数（以下スカラー）α に対して，

$$\alpha\boldsymbol{a} = \alpha\,(a_1 \quad a_2) = (\alpha a_1 \quad \alpha a_2)$$

が成り立ちます．つまりベクトルの α 倍はすべての成分が α 倍されることを表しています．この考え方は行列も同じで，行列 A とスカラー β との積は，

$$\beta A = \begin{pmatrix} \beta a_{11} & \beta a_{12} \\ \beta a_{21} & \beta a_{22} \end{pmatrix}$$

で計算されます[8]．

2. 3. 行列の積と逆行列

他方厳密にベクトルの積はありませんが，2 つのベクトル $\boldsymbol{a}, \boldsymbol{b}$ の同じ位置にある成分同士の積の和，たとえば 2 次元ベクトルの場合，

$$a_1 b_1 + a_2 b_2 \equiv (\boldsymbol{a}, \boldsymbol{b})$$

によってベクトル $\boldsymbol{a}, \boldsymbol{b}$ の内積を定義し，

$$(a_1 \quad a_2) \begin{pmatrix} b_1 \\ b_2 \end{pmatrix}$$

と表記します．ベクトルおよび行列の和やスカラー倍した結果はあくまでベクトル・行列なのですが，内積は数値になることに注意してください．

次に行列同士の積 AB を考えますが，2×2 型行列を例にとって以下のように定義します．積の左側にある 2×2 型行列 A を行ベクトルが 2 個縦に，右側にある 2×2 型行列 B を列ベクトルが 2 個横に並んだものと考え，2 つのベクトルの内積を計算します．そしてその結果を次のように配置したものが行列の積となります．

$$AB = \begin{pmatrix} (a_{11} \quad a_{12})\begin{pmatrix} b_{11} \\ b_{21} \end{pmatrix} & (a_{11} \quad a_{12})\begin{pmatrix} b_{12} \\ b_{22} \end{pmatrix} \\ (a_{21} \quad a_{22})\begin{pmatrix} b_{11} \\ b_{21} \end{pmatrix} & (a_{21} \quad a_{22})\begin{pmatrix} b_{12} \\ b_{22} \end{pmatrix} \end{pmatrix}$$

$$= \begin{pmatrix} a_{11}b_{11} + a_{12}b_{21} & a_{11}b_{12} + a_{12}b_{22} \\ a_{21}b_{11} + a_{22}b_{21} & a_{21}b_{12} + a_{22}b_{22} \end{pmatrix}$$

もちろん行列のかける順番を入れ替えると，内積を計算する 2 つのベクトルの

8）　詳細は示しませんが，ベクトルおよび行列の和とスカラー倍に関しては実数と同様の演算法則（交換法則・結合法則・分配法則）が成立します．

成分が異なりますから計算結果も一般に異なります[9)]．しかし特殊な演算結果をもたらす積があります．

$$AB = BA = I \tag{1-8}$$

すなわち行列の積が単位行列となる行列 B が存在するとき，これを行列 A の**逆行列**といい，A^{-1} と書きます．そこで実際に逆行列を計算しましょう．

$$AB = \begin{pmatrix} a_{11}b_{11}+a_{12}b_{21} & a_{11}b_{12}+a_{12}b_{22} \\ a_{21}b_{11}+a_{22}b_{21} & a_{21}b_{12}+a_{22}b_{22} \end{pmatrix} = \begin{pmatrix} 1 & 0 \\ 0 & 1 \end{pmatrix}$$

行列の同じ位置にある成分同士がすべて等しいときに2つの行列は等しいので，b_{11}, b_{21} のある成分に注目して，

$$\begin{cases} a_{11}b_{11}+a_{12}b_{21}=1 \\ a_{21}b_{11}+a_{22}b_{21}=0 \end{cases}$$

そして b_{12}, b_{22} のある成分に注目すれば，

$$\begin{cases} a_{11}b_{12}+a_{12}b_{22}=0 \\ a_{21}b_{12}+a_{22}b_{22}=1 \end{cases}$$

という2組の連立方程式が得られます（b_{ij} の係数に注目すると行列 A のすべての成分が入っています）．(1-3a)式にしたがって行列 A の行列式を $|A|$ と書き，もし $|A| \neq 0$ ならば[10)]，

$$(b_{11}, b_{21}) = \left(\frac{a_{22}}{|A|}, \frac{-a_{21}}{|A|} \right)$$

$$(b_{12}, b_{22}) = \left(\frac{-a_{12}}{|A|}, \frac{a_{11}}{|A|} \right)$$

と各成分が求められます．よって行列 A の逆行列は，

$$B \equiv A^{-1} = \frac{1}{|A|} \begin{pmatrix} a_{22} & -a_{12} \\ -a_{21} & a_{11} \end{pmatrix} \tag{1-9}$$

となります．

せっかくですから3×3型行列の逆行列を計算してみましょう．行列の成分

---

9)　2点補足しておきます．
　①　この結果は行列の積に関して交換法則が成り立たないことを表しています．しかし分配法則と結合法則に関しては実数と同様に成立します．
　②　$AB=BA$ であるとき，2つの行列は<u>交換可能</u>であるといいます．
10)　正方行列において $|A| \neq 0$，すなわちその行列式が非ゼロであるものを**正則行列**，ゼロであるものを**特異行列**といいます．

が増えても行列の積の考え方は同じです.

$$AB=\begin{pmatrix} a_{11}b_{11}+a_{12}b_{21}+a_{13}b_{31} & a_{11}b_{12}+a_{12}b_{22}+a_{13}b_{32} & a_{11}b_{13}+a_{12}b_{23}+a_{13}b_{33} \\ a_{21}b_{11}+a_{22}b_{21}+a_{23}b_{31} & a_{21}b_{12}+a_{22}b_{22}+a_{23}b_{32} & a_{21}b_{13}+a_{22}b_{23}+a_{23}b_{33} \\ a_{31}b_{11}+a_{32}b_{21}+a_{33}b_{31} & a_{31}b_{12}+a_{32}b_{22}+a_{33}b_{32} & a_{31}b_{13}+a_{32}b_{23}+a_{33}b_{33} \end{pmatrix}$$

$$=\begin{pmatrix} 1 & 0 & 0 \\ 0 & 1 & 0 \\ 0 & 0 & 1 \end{pmatrix}$$

ここから 3 組の 3 元 1 次連立方程式,

$$\begin{cases} a_{11}b_{11}+a_{12}b_{21}+a_{13}b_{31}=1 \\ a_{21}b_{11}+a_{22}b_{21}+a_{23}b_{31}=0 \\ a_{31}b_{11}+a_{32}b_{21}+a_{33}b_{31}=0 \end{cases}$$

$$\begin{cases} a_{11}b_{12}+a_{12}b_{22}+a_{13}b_{32}=0 \\ a_{21}b_{12}+a_{22}b_{22}+a_{23}b_{32}=1 \\ a_{31}b_{12}+a_{32}b_{22}+a_{33}b_{32}=0 \end{cases}$$

$$\begin{cases} a_{11}b_{13}+a_{12}b_{23}+a_{13}b_{33}=0 \\ a_{21}b_{13}+a_{22}b_{23}+a_{23}b_{33}=0 \\ a_{31}b_{13}+a_{32}b_{23}+a_{33}b_{33}=1 \end{cases}$$

がえられます. ここでも行列 A の行列式を $|A|$, かつ $|A|\neq0$ として(1-6)式より 1 組目の連立方程式の解を計算すると,

$$(b_{11}, b_{21}, b_{31})=\left(\frac{a_{22}a_{33}-a_{23}a_{32}}{|A|}, \frac{a_{23}a_{31}-a_{21}a_{33}}{|A|}, \frac{a_{21}a_{32}-a_{22}a_{31}}{|A|} \right)$$

となります. ここで求めた各成分の分子に注目すると以下のことが分かります. たとえば b_{11} の分子は (前節の定義から) a_{11} の余因数 A_{11} であることが分かります. 同じ要領で他の成分を眺めると, b_{21} の分子は a_{12} の余因数 A_{12}, そして b_{31} の分子は a_{13} の余因数 A_{13} であることが分かります. こうして行列 B の成分と行列 A の成分との対応が分かりましたので, 他の 2 組の連立方程式の解にも適応して逆行列は一般に,

$$A^{-1}=\frac{1}{|A|}\begin{pmatrix} A_{11} & A_{21} & A_{31} \\ A_{12} & A_{22} & A_{32} \\ A_{13} & A_{23} & A_{33} \end{pmatrix} \tag{1-10}$$

と書くことができます.[11]

以上の知識からすぐ分かる例題を見ていくことにしましょう．

例題 2

① 行列 $A = \begin{pmatrix} 1 & 1 \\ 0 & 2 \end{pmatrix}$ に対して A^n を求めなさい．

〔H16年度　大阪市立大学〕

② 行列 $A = \begin{pmatrix} 2 & -2 & 4 \\ 4 & 3 & -1 \\ 1 & -2 & -3 \end{pmatrix}$ であるとき，A^2 を求めよ．

〔H12年度　大阪市立大学（改題)〕

③ 行列 $A = \begin{pmatrix} 1 & -3 & 2 \\ 0 & 1 & 0 \\ -1 & 0 & 2 \end{pmatrix}$ の逆行列を求めよ．

〔H17年度　東北大学〕

---

① 実際に計算して法則性があるかどうか見てみましょう．

$$A^2 = \begin{pmatrix} 1 & 1 \\ 0 & 2 \end{pmatrix}\begin{pmatrix} 1 & 1 \\ 0 & 2 \end{pmatrix} = \begin{pmatrix} 1 & 3 \\ 0 & 4 \end{pmatrix}$$

$$A^3 = A^2 A = \begin{pmatrix} 1 & 3 \\ 0 & 4 \end{pmatrix}\begin{pmatrix} 1 & 1 \\ 0 & 2 \end{pmatrix} = \begin{pmatrix} 1 & 7 \\ 0 & 8 \end{pmatrix}$$

$$A^4 = A^3 A = \begin{pmatrix} 1 & 7 \\ 0 & 8 \end{pmatrix}\begin{pmatrix} 1 & 1 \\ 0 & 2 \end{pmatrix} = \begin{pmatrix} 1 & 15 \\ 0 & 16 \end{pmatrix}$$

この結果を見ると，第1列は $\begin{pmatrix} 1 \\ 0 \end{pmatrix}$ で変わりません．他方第2列の第2成分に注目すると 2^n であり，これから1を引くと第1成分になっていることが分かります．よって答えは，

$$A^n = \begin{pmatrix} 1 & 2^n - 1 \\ 0 & 2^n \end{pmatrix}$$

となります．

11）　行列 A における各成分の余因数からなる行列を**余因数行列**といいます．

② 定義どおりに計算します。

$$A^2 = \begin{pmatrix} 2 & -2 & 4 \\ 4 & 3 & -1 \\ 1 & -2 & -3 \end{pmatrix} \begin{pmatrix} 2 & -2 & 4 \\ 4 & 3 & -1 \\ 1 & -2 & -3 \end{pmatrix} = \begin{pmatrix} 0 & -18 & -2 \\ 19 & 3 & 16 \\ -9 & -2 & 15 \end{pmatrix}$$

③ まず与えられた行列の行列式を計算します。

$$\begin{vmatrix} 1 & -3 & 2 \\ 0 & 1 & 0 \\ -1 & 0 & 2 \end{vmatrix} = \begin{vmatrix} 1 & 0 \\ 0 & 2 \end{vmatrix} - \begin{vmatrix} -3 & 2 \\ 1 & 0 \end{vmatrix} = 4$$

よって逆行列は存在します。次に(1-10)式に当てはめるために，各成分の余因数を計算します。

$$A_{11} = \begin{vmatrix} 1 & 0 \\ 0 & 2 \end{vmatrix} = 2, \quad A_{21} = -\begin{vmatrix} -3 & 2 \\ 0 & 2 \end{vmatrix} = 6, \quad A_{31} = \begin{vmatrix} -3 & 2 \\ 1 & 0 \end{vmatrix} = -2$$

$$A_{12} = -\begin{vmatrix} 0 & 0 \\ -1 & 2 \end{vmatrix} = 0, \quad A_{22} = \begin{vmatrix} 1 & 2 \\ -1 & 2 \end{vmatrix} = 4, \quad A_{32} = -\begin{vmatrix} 1 & 2 \\ 0 & 0 \end{vmatrix} = 0$$

$$A_{13} = \begin{vmatrix} 0 & 1 \\ -1 & 0 \end{vmatrix} = 1, \quad A_{23} = -\begin{vmatrix} 1 & -3 \\ -1 & 0 \end{vmatrix} = 3, \quad A_{33} = \begin{vmatrix} 1 & -3 \\ 0 & 1 \end{vmatrix} = 1$$

よって答えは，

$$A^{-1} = \frac{1}{4} \begin{pmatrix} 2 & 6 & -2 \\ 0 & 4 & 0 \\ 1 & 3 & 1 \end{pmatrix}$$

となります。[12]

3. 写像

たとえば 2×2 型行列 $A = \begin{pmatrix} a_{11} & a_{12} \\ a_{21} & a_{22} \end{pmatrix}$ とベクトル $x = \begin{pmatrix} x_1 \\ x_2 \end{pmatrix}$ の演算 Ax,

$$\begin{pmatrix} a_{11} & a_{12} \\ a_{21} & a_{22} \end{pmatrix} \begin{pmatrix} x_1 \\ x_2 \end{pmatrix} = \begin{pmatrix} a_{11}x_1 + a_{12}x_2 \\ a_{21}x_1 + a_{22}x_2 \end{pmatrix}$$

---

[12] この結果が正しいかどうかを検算してみましょう。

$$AA^{-1} = \frac{1}{4} \begin{pmatrix} 1 & -3 & 2 \\ 0 & 1 & 0 \\ -1 & 0 & 2 \end{pmatrix} \begin{pmatrix} 2 & 6 & -2 \\ 0 & 4 & 0 \\ 1 & 3 & 1 \end{pmatrix} = \frac{1}{4} \begin{pmatrix} 4 & 0 & 0 \\ 0 & 4 & 0 \\ 0 & 0 & 4 \end{pmatrix} = \begin{pmatrix} 1 & 0 & 0 \\ 0 & 1 & 0 \\ 0 & 0 & 1 \end{pmatrix}$$

これで確認できました。

を考えます．この結果は，x が A によって別なベクトル $\begin{pmatrix} a_{11}x_1 + a_{12}x_2 \\ a_{21}x_1 + a_{22}x_2 \end{pmatrix}$ に変換されることを表します．一般に行列にはあるベクトルを別なベクトルに変換する，すなわち関数における演算 f と同じ役割をもちます．こうした行列によるベクトルの変換を写像といいます．本節ではこれに関連する事項をみていくことにします．

3．1．連立方程式の別解

写像自体はいろいろなパターンがありますが，適当に選んだベクトル x が特定のベクトル $b = \begin{pmatrix} b_1 \\ b_2 \end{pmatrix}$ に変換される $Ax = b$ という写像を考えます．これを書き下すと，

$$\begin{pmatrix} a_{11}x_1 + a_{12}x_2 \\ a_{21}x_1 + a_{22}x_2 \end{pmatrix} = \begin{pmatrix} b_1 \\ b_2 \end{pmatrix}$$

となって，成分ごとに注目すれば 2 元 1 次連立方程式に一致します．こうして連立方程式は x を b に移す写像であると見ることができるわけです[13]．

そこで $Ax = b$ の両辺に左側から逆行列 A^{-1} をかけます．すると左辺は逆行列の定義より x になり，$x = A^{-1}b$ は連立方程式の解になります．こうして連立方程式は行列とベクトルを用いて表現でき，逆行列を用いても解を計算できるわけです．

これを使った例題を見ていくことにします．

例題 3

以下の連立方程式に関して，設問に答えよ．

$$\begin{cases} 3x + 2y = 4 \\ 4x + y = -6 \end{cases}$$

① 係数行列の行列式を求めなさい．

---

13) 行列 A を $a_1 = \begin{pmatrix} a_{11} \\ a_{21} \end{pmatrix}$ と $a_2 = \begin{pmatrix} a_{12} \\ a_{22} \end{pmatrix}$ の 2 つのベクトルに分割すると，$x_1 a_1 + x_2 a_2 = b$ と表現することができます．これは b を 2 つのベクトル a_1, a_2 を使って表現可能であることを意味し，これを線型結合といいます．

② 逆行列を求めなさい.

③ 連立方程式の解を求めなさい.

〔H14年度 兵庫県立大学（改題）〕

与式左辺の係数からなる行列を係数行列とよび, ここでは A としておきます.

① (1-3a)式がそのまま利用でき, $|A| = -5$ となります.

② (1-9)式がそのまま利用でき, $A^{-1} = -\dfrac{1}{5} \begin{pmatrix} 1 & -2 \\ -4 & 3 \end{pmatrix}$ となります.

③ (1-4)式を使っても構いませんが, ②で逆行列を計算してますからこれを利用しましょう.

$$\begin{pmatrix} x \\ y \end{pmatrix} = -\frac{1}{5} \begin{pmatrix} 1 & -2 \\ -4 & 3 \end{pmatrix} \begin{pmatrix} 4 \\ -6 \end{pmatrix} = \begin{pmatrix} -16/5 \\ 34/5 \end{pmatrix}$$

3. 2. 固有値と固有ベクトル

さて例題3の答えは, 行列 A によってベクトル $\begin{pmatrix} -16/5 \\ 34/5 \end{pmatrix}$ が回転して縮んだベクトル $\begin{pmatrix} 4 \\ -6 \end{pmatrix}$ に変換されることを表しています. でも行列によってはあるベクトルが回転せず,（同方向ないしは逆方向に）伸縮だけさせるものがあります. これは λ をスカラーとして, ベクトル $\boldsymbol{x}$ が行列 A によって $A\boldsymbol{x} = \lambda \boldsymbol{x}$ に変換されることを意味します. ここで左辺を移項して単位行列を使えば,

$$(\lambda I - A)\boldsymbol{x} = \boldsymbol{0} \tag{1-11}$$

という関係式が得られます. もし $\boldsymbol{x}$ がゼロベクトルならばこの関係式は自明ですが, そうでないならば, 例題1の②より(1-11)左辺の行列式 $|\lambda I - A|$ がゼロでなくてはなりません. 行列 A が 2×2 型の場合, (1-11)式は,

$$\begin{vmatrix} \lambda - a_{11} & -a_{12} \\ -a_{21} & \lambda - a_{22} \end{vmatrix} = \lambda^2 - (a_{11} + a_{22})\lambda + a_{11}a_{22} - a_{12}a_{21} = 0 \tag{1-12}$$

という2次方程式になって, その解は,

$$\lambda = \frac{a_{11} + a_{22} \pm \sqrt{(a_{11} - a_{22})^2 + 4a_{12}a_{21}}}{2} \tag{1-13}$$

となります. このとき(1-12)式のことを**固有方程式**, (1-13)式を**固有値**といい

ます．

　固有方程式が 2 次方程式である場合，その固有値は（複素数を含めて）一般に 2 個存在します．ということは各固有値に応じて $Ax=\lambda x$ を満足するベクトル x が存在するはずで，これを**固有ベクトル**といいます．そこでこれに関連する例題を見ていきましょう．

例題 4

① 行列 $A=\begin{pmatrix} 3 & 5 \\ 1 & -1 \end{pmatrix}$ の固有値と固有ベクトルを求めなさい．

〔H17年度　東北大学〕

② 行列 $A=\begin{pmatrix} 1 & -2 & 1 \\ 3 & 2 & 1 \\ 1 & 5 & -1 \end{pmatrix}$ の固有値と固有ベクトルを求めなさい．

〔H16年度　兵庫県立大学〕

---

① 固有方程式は，

$$\begin{vmatrix} \lambda-3 & -5 \\ -1 & \lambda+1 \end{vmatrix} = (\lambda-4)(\lambda+2)=0$$

であって，$\lambda=-2,4$ が固有値となります．そしてこの固有値を個別対応させて固有ベクトルを求めます．

　求める固有ベクトルを $a=\begin{pmatrix} x \\ y \end{pmatrix}$ とします．まず $\lambda=-2$ のとき，(1-11)式は，

$$\begin{pmatrix} -5 & -5 \\ -1 & -1 \end{pmatrix}\begin{pmatrix} x \\ y \end{pmatrix} = \begin{pmatrix} -5x-5y \\ -x-y \end{pmatrix} = \begin{pmatrix} 0 \\ 0 \end{pmatrix}$$

であり，$y=-x$ という成分間の関係性が見出せます．ここから固有ベクトルは $a=x\begin{pmatrix} 1 \\ -1 \end{pmatrix}$ と表現でき，さらに α をゼロでない任意の定数として $x=\alpha$ とすれば，

$$a=\alpha\begin{pmatrix} 1 \\ -1 \end{pmatrix}$$

これが $\lambda=-2$ に対応する固有ベクトルになります．この固有ベクトルは直線

$y = -x$ 上に並ぶ任意の点で示されるベクトルであることを意味しています。

同じ要領で $\lambda = 4$ に対応する固有ベクトルを求めましょう。

$$\begin{pmatrix} 1 & -5 \\ -1 & 5 \end{pmatrix} \begin{pmatrix} x \\ y \end{pmatrix} = \begin{pmatrix} x-5y \\ -x+5y \end{pmatrix} = \begin{pmatrix} 0 \\ 0 \end{pmatrix}$$

であり，$y = (1/5)x$ という成分間の関係が得られます。ここで β をゼロでない任意の定数として $x = 5\beta$ とすると，

$$\boldsymbol{a} = \beta \begin{pmatrix} 5 \\ 1 \end{pmatrix}$$

となり，これがもう1つの固有ベクトルになります。このベクトルのもつ意味は先ほどと同じで，直線 $y = (1/5)x$ 上に並ぶ任意の点で示されるベクトルとなります。

②　3×3型の行列ですが，考え方は同じです。この場合の固有方程式は，

$$\begin{vmatrix} \lambda-1 & 2 & -1 \\ -3 & \lambda-2 & -1 \\ -1 & -5 & \lambda+1 \end{vmatrix} = (\lambda-2)(\lambda-1)(\lambda+1) = 0$$

となって，$\lambda = 2, \pm 1$ の3つが固有値になります。

ここで求める固有ベクトルを $\begin{pmatrix} x \\ y \\ z \end{pmatrix}$ とします。$\lambda = -1$ のとき (1-11) 式は，

$$\begin{pmatrix} -2 & 2 & -1 \\ -3 & -3 & -1 \\ -1 & -5 & 0 \end{pmatrix} \begin{pmatrix} x \\ y \\ z \end{pmatrix} = \begin{pmatrix} -2x+2y-z \\ -3x-3y-z \\ -x-5y \end{pmatrix} = \begin{pmatrix} 0 \\ 0 \\ 0 \end{pmatrix}$$

となります。ここで第3成分から $x = -5y$ であって，これを第1および第2成分に代入すると $\begin{pmatrix} 12x-z \\ 12x-z \end{pmatrix} = \begin{pmatrix} 0 \\ 0 \end{pmatrix}$ になって，$z = 12y$ という関係が得られます。よって α をゼロでない任意の定数とすると，

$$\begin{pmatrix} x \\ y \\ z \end{pmatrix} = \alpha \begin{pmatrix} -5 \\ 1 \\ 12 \end{pmatrix}$$

が $\lambda = -1$ に対応する固有ベクトルになります。同じ要領で $\lambda = 1$ のときには，

$$\begin{pmatrix} 2y-z \\ -3x-y-z \\ -x-5y+2z \end{pmatrix} = \begin{pmatrix} 0 \\ 0 \\ 0 \end{pmatrix}$$

から $x=-y, z=2y$ という関係が得られます．よって，

$$\begin{pmatrix} x \\ y \\ z \end{pmatrix} = \alpha \begin{pmatrix} -1 \\ 1 \\ 2 \end{pmatrix}$$

が $\lambda=1$ に対応する固有ベクトルになります．最後に $\lambda=2$ のときには，

$$\begin{pmatrix} x+2y-z \\ -3x-z \\ -x-5y+3z \end{pmatrix} = \begin{pmatrix} 0 \\ 0 \\ 0 \end{pmatrix}$$

から $y=-2x, z=-3x$ という関係が得られます．よって，

$$\begin{pmatrix} x \\ y \\ z \end{pmatrix} = \alpha \begin{pmatrix} 1 \\ -2 \\ -3 \end{pmatrix}$$

が $\lambda=2$ に対応する固有ベクトルになります．

４．２次形式の符号

たとえば x, y からなる式 $2x^2+3y^2-6xy$ を考えます．これをみると，どの項も変数の指数の和が２になっています．こうした形で表現される式のことを **２次形式**といいます．そして一般に２次形式は行列とベクトルを使って表現することができます．先述の２次形式でいうと，x, y で括りだすに当たって第３項を半分に分割しておきます．すると，

$$x(2x-3y)+y(3y-3x) = (x \quad y)\begin{pmatrix} 2x-3y \\ -3x+3y \end{pmatrix} = (x \quad y)\begin{pmatrix} 2 & -3 \\ -3 & 3 \end{pmatrix}\begin{pmatrix} x \\ y \end{pmatrix}$$

となります．ここで重要なことは，上の変形の結果出てくる行列 $\begin{pmatrix} 2 & -3 \\ -3 & 3 \end{pmatrix}$ を転置しても同じ行列（すなわち $A^T=A$）になることです．こうした行列を **対称行列**といいます．

第３章で触れますが関数の凹性・凸性や極大・極小に関わって，対称行列を用いて表現される２次形式の正負という符号が問題となります．そこでここでは２次形式の符号に関する事項を見ていくことにします．

4. 1. 正値および負値の条件

例題5

　次の 2 次形式,

$$J \equiv (x \quad y)\begin{pmatrix} a & b \\ b & c \end{pmatrix}\begin{pmatrix} x \\ y \end{pmatrix} = ax^2 + 2bxy + cy^2$$

について, 任意のベクトル $\begin{pmatrix} x \\ y \end{pmatrix}$ に対して $J > 0$ となるために, パラメータ a, b, c が満たすべき条件を求めよ.

〔H17年度　東北大学（改題）〕

　ここでは成分 y を $\bar{y}$ に固定して考えます. すると与式は x を独立変数とする 2 次関数となり, これを平方完成します.

$$J = a\left(x + \frac{b\bar{y}}{a}\right)^2 + \frac{(ac - b^2)\,\bar{y}^2}{a} \tag{1-14}$$

話の出発点として $a < 0$ とします. すると(1-14)式は最大値をもつ 2 次関数を意味します. ところがこの仮定は任意の $\bar{y}$ に対して $J \leq 0$ となる x が存在することを意味し, 題意を満たしません. よって $a > 0$ が条件の 1 つになります. この条件を与えると,(1-14)式右辺第 1 項は x, y の選び方とは無関係にプラスの値をとります. 次に右辺第 2 項に注目します. この部分がマイナスであっても題意を満足することはありえますが, プラスであれば確実に題意を満たします. そこで先に確定した条件 $a > 0$ を仮定すると,(1-14)式右辺第 2 項がプラスであるためには $ac - b^2 > 0$ でなければなりません.[14) これが 2 つ目の条件で, 以上の結果をまとめると,

$$\begin{cases} a > 0 \\ ac - b^2 = \begin{vmatrix} a & b \\ b & c \end{vmatrix} > 0 \end{cases} \tag{1-15}$$

と与式にある対称行列に関する条件として示されます.[15) (1-15)式を満足すると

---

14)　そしてここから, $c > b^2/a > 0$ も条件として確定します.

15)　与式にある対称行列 $\begin{pmatrix} a & b \\ b & c \end{pmatrix}$ について, 固有方程式は $\lambda^2 - (a+c)\lambda + ac - b^2 = 0$ であり, ここから固有値は,

き，この2次形式のことを正値（または正値定符号）といいます[16].

ちなみに例題の与式において，任意のベクトルに対して$J<0$であるとき，この2次形式を負値（または負値定符号）といいます[17]．これが成り立つ条件も(1-14)式から導出することができます．

たとえば$a>0$とします．このとき(1-14)式は最小値をもつ2次関数ですが，このことは任意の$\bar{y}$に対して$J\geq0$となるxが存在することを意味し，$J<0$を満たしません．そこで$a<0$を仮定します．すると(1-14)式右辺第1項は確実にマイナスの値をとるので，第2項もマイナスの値であれば確実に$J<0$となります．この状況は$a<0$より$ac-b^2>0$であれば満たされます[18]．よって2次形式が負値になるための条件は，

$$\begin{cases} a<0 \\ \begin{vmatrix} a & b \\ b & c \end{vmatrix}>0 \end{cases} \tag{1-16}$$

で与えられます．

4．2．条件つき正値および負値

次に例題5で与えられた2次形式に，

$$px+qy=r \tag{1-17}$$

$$\lambda=\frac{a+c\pm\sqrt{(a-c)^2+4b^2}}{2}$$

となって，固有値は必ず異なる実数解となることが分かります．いまこの固有値をλ_1，λ_2とすると，これを解にもつ2次式は$x^2-(\lambda_1+\lambda_2)x+\lambda_1\lambda_2$であり，これと固有方程式の係数を比較すると，

$$\begin{cases} \lambda_1+\lambda_2=a+c \\ \lambda_1\lambda_2=|A| \end{cases}$$

つまり固有値の和は対称行列の対角成分の和（これをトレースという）に，積は対称行列の行列式に一致します．そして固有値の積が行列式に一致する性質を使って，対称行列を対角成分に固有値が並び，それ以外のすべての成分がゼロになるような形に変換する作業（これが対角化）を行って2次形式の符号を判定するのが本来の方法です．

16)　(1-15)式に等号が追加されるとき与式は$J\geq0$であり，このことを非負値（あるいは正値半定符号）といいます．

17)　$J\leq0$であるときには非正値（あるいは負値半定符号）といいます．

18)　そしてここから$c<b^2/a<0$が得られます．

という条件式が与えられたとします（p, q, r は定数とします）．例題では任意のベクトルのもとでの 2 次形式の符号を考えましたが，ここでは(1-17)式を満足する任意のベクトルのもとで 2 次形式の符号をどう判断すればいいのかについてみていきたいと思います．たとえば(1-17)式を y について解き，それを与えられた 2 次形式に代入した上で平方完成します．いまこれを例題と区別して $\tilde{J}$ とすれば，

$$\tilde{J} = \frac{aq^2 - 2bpq + cp^2}{q^2}\left(x + \frac{r(bq - cp)}{aq^2 - 2bpq + cp^2}\right)^2 + \frac{r^2(ac - b^2)}{aq^2 - 2bpq + cp^2}$$

となります．

そこで最初に $\tilde{J} > 0$ のための条件を確定しましょう．しかし関数の構造が(1-14)式と同じですから，(1-15)式と本質的に同じもの，

$$\begin{cases} ac - b^2 > 0 \\ aq^2 - 2bpq + cp^2 > 0 \end{cases} \tag{1-18}$$

で与えられます．[19] (1-18)の第 2 条件式は，

$$\begin{pmatrix} 0 & p & q \\ p & a & b \\ q & b & c \end{pmatrix} \tag{1-19}$$

とおいた行列の行列式にマイナスをつけたものに一致します．そして（厳密な証明はしませんが），(1-19)式より一般的条件が示されます．そのために**狭義の主座小行列式**を定義します．

与えられた行列の一部を切り取った行列を主座小行列といいますが，その切り取り方を左上から順番に，

$$a_{11}, \begin{pmatrix} a_{11} & a_{12} \\ a_{21} & a_{22} \end{pmatrix}, \begin{pmatrix} a_{11} & a_{12} & a_{13} \\ a_{21} & a_{22} & a_{23} \\ a_{31} & a_{32} & a_{33} \end{pmatrix}, \cdots$$

としたものを**狭義の主座小行列**といい，$H_i (i = 1, \cdots, n)$ と書きます．そして

---

[19]　$r = 0$ ならば，(1-18)の第 1 条件式は必要ありません．でもあえて条件に挙げているのは，条件式ある 2 次形式の符号条件がもとの 2 次形式の符号条件で半ば自動的に決まることを念頭においているからです．この事情から，後述(1-21)式にもこの条件を挙げているわけです．

その行列式$|H_i|$を狭義の主座小行列式といいます．これと(1-19)式を使って$\tilde{J}>0$となる条件は次のように示されます．

(i) $\quad -|H_2| \equiv - \begin{vmatrix} 0 & p \\ p & a \end{vmatrix} > 0$　　　　　　　　(1-20a)

(ii) $\quad -|H_3| \equiv - \begin{vmatrix} 0 & p & q \\ p & a & b \\ q & b & c \end{vmatrix} > 0$　　　　　　(1-20b)

(i)を実際に計算すると$p^2>0$であって条件を満たし，(ii)は$aq^2-2bpq+cp^2$であり，(1-18)式の第2条件式に一致します．こうして(1-20)の2条件を同時に満たすとき，2次形式Jは**条件つき正値**であるといいます[20]．

次に$\tilde{J}<0$である条件を確定しましょう．容易に分かるように本質的に(1-16)式と同様で，

$$\begin{cases} ac-b^2>0 \\ aq^2-2bpq+cp^2<0 \end{cases} \qquad (1\text{-}21)$$

で与えられます．そして(1-20)式と同じ記号を使って一般化すると，

(i) $\quad -|H_2|>0$　　　　　　　　　　　　　　　(1-22a)

(ii) $\quad |H_3|>0$　　　　　　　　　　　　　　　(1-22b)

で示されます．(i)は(1-20a)式と同じで，(ii)は$-(aq^2-2bpq+cp^2)$であり(1-21)の第2条件式に一致します．(1-22)式の2条件を同時に満足するとき，2次形式Jは**条件つき負値**であるといいます[21]．

---

20)　一般に狭義の主座小行列式を使った条件つき正値の条件は，
$$(-1)^m|H_i|>0$$
と表されます．ここでmは条件式の数を表しています．いま条件式は(1-17)式の1本なので，すべての行列式にマイナスがついているのです．

21)　一般に狭義の主座小行列式を使った条件つき負値の条件は，mを条件式の数として，
$$(-1)^{m+i}|H_i|>0$$
と表されます（ただし$i=2,\cdots$）．条件式は(1-17)式の1本なのですが，狭義の主座小行列式の次数が増えるごとに$(-1)^{m+i}$の値が変わってきます．だから$i=2$のときには行列式にマイナスがつき，$i=3$のときにはマイナスがつかないのです．

練習問題

問題 1

クラメールの公式を用いて次の連立方程式を解きなさい.

$$\begin{cases} 4x + y + 8z = 18 \\ 3x - 2y + 5z = 16 \\ 6x \qquad - 3z = -15 \end{cases}$$

〔H16年度　兵庫県立大学〕

問題 2

行列 A が $A^2 = A$ を満たすとき, A はべき等であるという. いま A が,

$$A = \begin{pmatrix} 4 & \lambda \\ 4 - \lambda & -3 \end{pmatrix}$$

であるとき, 以下の問に答えなさい.

① A がべき等になるような λ の値を求めなさい.

② λ が①の値で与えられるとき, 固有値と固有ベクトルをすべて求めなさい.

〔H19年度　京都大学（改題）〕

問題 3

行列 $A = \begin{pmatrix} 5 & 8 \\ 2 & -1 \end{pmatrix}$ に関する以下の問に答えよ.

① この行列を構成する 2 つの列ベクトルの内積を求めなさい.

② この行列の行列式を求めなさい.

③ この行列の固有値と固有ベクトルをすべて求めなさい.

〔H19年度　東北大学〕

第②章

微分法の基礎

　微分法は経済学で想定されるさまざまな関数（効用関数や生産関数など）の性質を特定し，経済主体の目的関数の最大・最小化問題を解き（次章で扱う最適化問題），これを通じて計算した変数の持つ性質を明らかにする（**比較静学分析**）など，経済分析のあらゆる局面で顔を出してきます．そこで本章では実際に出題された入試問題および後の章で使用する事項に限定して，微分法に関する解説をしていきます．なお本章で扱うすべての関数は滑らかかつ連続な関数を前提します．

1．1変数関数の微分

　まず x を独立変数として，これと関数 f によって定まる従属変数 y との対応関係を表す1変数関数の微分についてみていきます．ここで得られる性質のほとんどが多変数関数の場合にも適応されますので，しっかりと押さえておきましょう．

1．1．予備的考察

　関数 $y=f[x]$ 上に2点 A：$(a, f[a])$，B：$(b, f[b])$ をとります（ただし $a<b$）．そしてA点から横軸に平行に延ばした直線とB点から縦軸に平行に下ろした直線との交点を C：$(b, f[a])$ とします．このとき直角三角形 ABC における $\angle A$ の正接，すなわち，

$$\tan\angle A = \frac{f[b]-f[a]}{b-a}$$

によって AB 間の**平均変化率**を定義します．後の議論のため $b=a+\Delta x$ として，上式右辺を書き換えておきます[1]．

$$\frac{f[a+\Delta x]-f[a]}{\Delta x}$$

ここでA点を固定して，B点を限りなくA点に近づけます．この作業は $\Delta x \to 0$ のときの上式の極限を求めることを意味し，もしこれが存在するならば，

$$\lim_{\Delta x \to 0} \frac{f[a+\Delta x]-f[a]}{\Delta x} \equiv f'[a]$$

によって $f'[a]$ という記号を定義します．これを $y=f[x]$ の $x=a$ における**微分係数**といいます．この演算過程を示した図2-1において，$f'[a]$ は $x=a$ における $y=f[x]$ の接線の傾きになっています．そして考察対象になっている関数が滑らか・連続な関数である限り，$x=a$ の取り方は任意なので，

$$f'[x] \equiv \lim_{\Delta x \to 0} \frac{f[x+\Delta x]-f[x]}{\Delta x} = \frac{df[x]}{dx} \tag{2-1}$$

によって微分の定義式が与えられます．この演算結果は一般に x に依存するので，$f'[x]$ のことを**導関数**といいます．そして $\Delta x \to 0$ のとき，

$$\lim_{\Delta x \to 0} \frac{f'[x+\Delta x]-f'[x]}{\Delta x} \equiv f''[x] = \frac{d^2 f[x]}{dx^2}$$

の極限が存在すれば，これを $f''[x]$ と書き2階導関数とよびます．一般に $f[x]$ を(2-1)式にもとづいて複数回微分したものを**高階導関数**といいます．

1）　ここで Δ はすぐ後ろにつく変数（ここでは x）の変化分を表しています．

2）　ここまでの話に関連して，4点補足しておきます．

　① 　(2-1)式の導出に当たって，図2-1のA点の右側にあるB点を動かしました．この演算を右側微分といいます．でも論理としてはB点の左側にあるA点を動かしてもいいはずで，その演算を左側微分といいます．

　② 　関数が不連続であるとは，$y=f[x]$ を図示したときに曲線が切れている状況に当たります．この場合，この点において微分は定義できません．だから独立変数の定義域のすべてにおいて微分が可能であること，これを保証するために不連続な関数を考察対象から排除，すなわち連続関数が前提されるのです．

　③ 　ですが連続関数を前提しても，ある点において $y=f[x]$ の曲線が屈折するケースがあります．この場合，①で述べた右側微分と左側微分の値は一致しません．逆に，曲線が屈折していない所では右側微分と左側微分の値は一致します．つまり右側微分と左側微分が一致すること，これを保証するため滑らかな関数が前提されます．

　④ 　(2-1)式の過程で Δ が d に変わっています．こうしなければならない理由はないのですが，その解釈として，Δx は図にしたときに目に見えるだけの x の変化分，dx は図にしても目に見えないほどの微小な x の変化分と考えるといいでしょう．

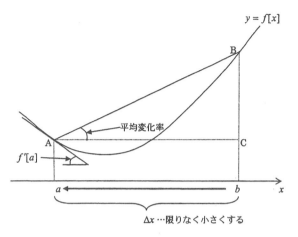

図 2 - 1　微分の基本的考え方

1．2．基本的な微分公式

次に(2-1)式をもとに，本書で使用するものに限って主要な関数の微分公式を導出していきます．

(1)　べき関数：$f[x]=x^n$（n は自然数）

$$f'[x] \equiv \lim_{\Delta x \to 0} \frac{(x+\Delta x)^n - x^n}{\Delta x}$$

の極限を計算します．ここで分子が，

$(x+\Delta x)^n - x^n$

$= (x+\Delta x - x)\{(x+\Delta x)^{n-1}+(x+\Delta x)^{n-2}x+\cdots+(x+\Delta x)x^{n-2}+x^{n-1}\}$

と因数分解できますから，

$$\lim_{\Delta x \to 0} \frac{(x+\Delta x)^n - x^n}{\Delta x} = \lim_{\Delta x \to 0} \{(x+\Delta x)^{n-1}+\cdots+x^{n-1}\} = nx^{n-1}$$

を通じて $f'[x]=nx^{n-1}$ が得られます．

(2)　対数関数：$f[x]=\log x$（対数の底は<u>ネイピア数</u>の e）

e は次式で定義される数です．

$$e \equiv \lim_{n \to \infty} \left(1+\frac{1}{n}\right)^n = \lim_{h \to 0}(1+h)^{1/h}$$

これを用いて，

$$f'[x] \equiv \lim_{\Delta x \to 0} \frac{\log(x+\Delta x) - \log x}{\Delta x}$$

の極限を計算します．対数法則を利用すれば，

$$\frac{\log(x+\Delta x) - \log x}{\Delta x} = \frac{\log(1+\Delta x/x)}{x(\Delta x/x)} = \frac{1}{x} \cdot \log\left(1 + \frac{\Delta x}{x}\right)^{1/(\Delta x/x)}$$

と変形できます．ここで $\Delta x/x \equiv h$ とすれば，$\Delta x \to 0$ のとき $h \to 0$ であり，e の定義式を踏まえれば，

$$\lim_{\Delta x \to 0} \frac{1}{x} \cdot \log\left(1 + \frac{\Delta x}{x}\right)^{1/(\Delta x/x)} = \frac{1}{x} \log\left(\lim_{h \to 0} (1+h)^{1/h}\right) = \frac{1}{x}$$

となり，$f'[x] = 1/x$ が得られます．

(3)　和（差）関数：$h[x] = f[x] + g[x]$

(4)　積関数：$h[x] = f[x]g[x]$

これらに関しては，次の例題をみていきましょう．

例題 1

　関数 $f : R \to R$ および $g : R \to R$ が微分可能ならば，以下のことが成立することを証明しなさい．ただし，「$a \in R$ において $\lim_{\varepsilon \to 0} \dfrac{f[a+\varepsilon] - f[a]}{\varepsilon}$ が存在するとき，関数 f は点 a で微分可能である」と定義する．

①　$h[x] = f[x] + g[x]$ と定義するとき，$h'[x] = f'[x] + g'[x]$ の関係を満たす．

②　$h[x] = f[x]g[x]$ と定義するとき，$h'[x] = f'[x]g[x] + f[x]g'[x]$ の関係を満たす．

〔H15年度　兵庫県立大学〕

---

①　与式を (2-1) 式に代入します．

$$h'[x] \equiv \lim_{\Delta x \to 0} \frac{(f[x+\Delta x] + g[x+\Delta x]) - (f[x] + g[x])}{\Delta x}$$

これは関数 f と関数 g のみの極限計算に分割できるので，[3]

---

3)　関数 f, g の和と差の極限に関する演算則，$\lim_{x \to a}(f[x] \pm g[x]) = \lim_{x \to a} f[x] \pm \lim_{x \to a} g[x]$
　が成り立つからです．

$$h'[x] \equiv \lim_{\Delta x \to 0} \frac{f[x+\Delta x]-f[x]}{\Delta x} + \lim_{\Delta x \to 0} \frac{g[x+\Delta x]-g[x]}{\Delta x} = f'[x]+g'[x] \quad (2\text{-}2)$$

となり，証明完了です．

② 与式を(2-1)式に代入します．

$$h'[x] \equiv \lim_{\Delta x \to 0} \frac{f[x+\Delta x]g[x+\Delta x]-f[x]g[x]}{\Delta x}$$

ここから直接導出できないので，右辺分子第1項に注目して$f[x]g[x+\Delta x]$を加減します．すると分子は$(f[x+\Delta x]-f[x])g[x+\Delta x]+f[x](g[x+\Delta x]-g[x])$と整理でき，

$$h'[x] \equiv \lim_{\Delta x \to 0} g[x+\Delta x] \lim_{\Delta x \to 0} \frac{f[x+\Delta x]-f[x]}{\Delta x} + f[x] \lim_{\Delta x \to 0} \frac{g[x+\Delta x]-g[x]}{\Delta x}$$

と書き換えることができます．ここで右辺第1項において$\Delta x \to 0$のとき$g[x+\Delta x] \to g[x]$であり，それ以外の項は(2-1)式から明らかです．よって，

$$h'[x] = f'[x]g[x]+f[x]g'[x] \quad (2\text{-}3)$$

となり，証明完了です．

(5) 分数関数：$h[x] = \dfrac{f[x]}{g[x]}$

$g[x] \neq 0$であることを前提にして，これを(2-1)式に代入して通分します．

$$h'[x] \equiv \lim_{\Delta x \to 0} \frac{1}{\Delta x} \frac{f[x+\Delta x]g[x]-f[x]g[x+\Delta x]}{g[x+\Delta x]g[x]}$$

これも直接導出できないので，右辺分子第1項に注目して$f[x]g[x]$を加減します．これは$(f[x+\Delta x]-f[x])g[x]-f[x](g[x+\Delta x]-g[x])$と整理できます．ここから，

$h'[x]$

$$= \lim_{\Delta x \to 0} \frac{1}{g[x+\Delta x]} \lim_{\Delta x \to 0} \frac{f[x+\Delta x]-f[x]}{\Delta x} - \frac{f[x]}{g[x]} \lim_{\Delta x \to 0} \frac{1}{g[x+\Delta x]} \lim_{\Delta x \to 0} \frac{g[x+\Delta x]-g[x]}{\Delta x}$$

と書き換えられ，積関数の微分公式と同じ考え方から，

$$h'[x] = \frac{f'[x]g[x]-f[x]g'[x]}{(g[x])^2} \quad (2\text{-}4)$$

が得られます．

---

4) 関数f, gの積の極限に関する演算法則，$\lim_{x \to a}(f[x]g[x]) = \lim_{x \to a}f[x]\lim_{x \to a}g[x]$ が利用されています．

以上の微分公式から簡単に計算できる例題をみていくことにします．

例題2

以下の関数を微分しなさい．

① $f[x]=x^2\log x$　　　　　　　〔H14年度　兵庫県立大学（改題）〕

② $f[x]=\dfrac{x^2-1}{x^2+1}$　　　　　　　〔H12年度　大阪市立大学〕

---

① (2-3)式より計算します．
$$f'[x]=(x^2)'\log x+x^2(\log x)'=2x\log x+x=x(1+2\log x)$$

② (2-4)式より計算します．
$$f'[x]=\frac{((x^2-1))'(x^2+1)-(x^2-1)((x^2+1))'}{(x^2+1)^2}=\frac{4x}{(x^2+1)^2}$$

1. 3. 合成関数の微分公式と対数微分法

たとえば $f[x]=(ax^2+bx+c)^7$ を微分するとき，展開してからべき関数の微分公式を利用できそうですが，それが最善の方法でしょうか？また指数関数 $f[x]=a^x$ はどう微分すればいいのでしょうか．これらを解決するのが**合成関数の微分公式**と**対数微分法**です．いずれも経済分析の計算に当たって非常に有効な手段です．

(1) 合成関数の微分公式

$y=f[x]$ が与えられ，x が別な変数 t を独立変数とする関数 $x=g[t]$ で決まるとします．このとき $y=f[g[t]]$ のことを**合成関数**といいます．

$x=g[t]$ 上に点 $a:(t_a, x_a)$ を与えます．すると合成関数の考え方から $y=f[x]$ 上に点A：(x_a, y_a) が定まります．次に t が t_a から Δt だけ変化し，$t_b=t_a+\Delta t$ になったとします．このとき2つの曲線上に点 $b:(t_b, x_b)$，およびB：(x_b, y_b) が与えられます．この様子は図2-2に示されており，上の図は

---

5) (2-4)式右辺を $f[x]/g[x]$ でくくり出せば，
$$h'[x]=\frac{f[x]}{g[x]}\left(\frac{f'[x]}{f[x]}-\frac{g'[x]}{g[x]}\right)$$
とでき，こちらの方が公式としては見やすいかもしれません．

$y=f[x]$，そして下の図は $x=g[t]$ を表しています．このときの x の変化は ab 間の平均変化率を $g'[t_a]+\varepsilon_1$ として，

$$x_b-x_a\equiv\Delta x=(g'[t_a]+\varepsilon_1)\Delta t \qquad (2\text{-}5\mathrm{a})$$

と書くことができます．この変化に対して y も当然変化し，その大きさは AB 間の平均変化率を $f'[g[t_a]]+\varepsilon_2$ として，

$$y_b-y_a\equiv\Delta y=(f'[g[t_a]]+\varepsilon_2)\Delta x \qquad (2\text{-}5\mathrm{b})$$

で与えられます．ここで(2-5a)式を(2-5b)式に代入して両辺を Δt で割ったもの，

$$\frac{\Delta y}{\Delta t}=(f'[g[t_a]]+\varepsilon_2)(g'[t_a]+\varepsilon_1)$$

の $\Delta t\to0$ のときの極限を求めます．
ここでは図 2 - 2 においてa（すなわ ちA）点を固定した上でb（および B）点を限りなくa（およびA）点に 近づけたとします．この操作で $\varepsilon_1,\varepsilon_2\to$ 0 となるので，$\Delta y/\Delta t\to f'[g[t_a]]g'[t_a]$ に収束します．これを一般化すれば，

$$\frac{dy}{dt}=f'[g[t]]g'[t] \qquad (2\text{-}6)$$

が得られ，これが合成関数の微分公式 です．この公式は $g'[t]=dx/dt$ およ び $f'[x]=dy/dx$ であることから，

$$\frac{dy}{dt}=\frac{dy}{dx}\frac{dx}{dt}$$

と書くこともでき，右辺にある dx が 分母と分子で連結していることから， (2-6)式を**鎖微分公式**ともいいます．

(2) 対数微分法
　合成関数の微分公式を用いれば，対 数微分法がただちに分かります．

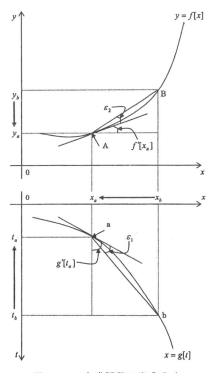

図 2 - 2　合成関数の微分公式

$y=f[x]$ と y の対数値を従属変数とする関数 $z=\log y$ を考えます．これは $z=\log f[x]$ という合成関数に他なりませんから，(2-6)式より，

$$\frac{dz}{dx}=(\log y)'f'[x]=\frac{f'[x]}{f[x]}$$

であり，ここから，

$$(\log|f[x]|)'=\frac{f'[x]}{f[x]} \tag{2-7}$$

という関係式が得られます．そして(2-7)式を通じて $f'[x]$ を計算する方法を対数微分法といいます．

例題3

以下の関数を微分しなさい．

① $f[x]=\sqrt{x}$ 〔H17年度　東北大学〕

② $f[x]=\left(ax+\dfrac{b}{x}\right)^5$ 〔H20年度　東北大学〕

③ $f[x]=\sqrt{2x+3}$ 〔H19年度　東北大学〕

④ $f[x]=2^x$ 〔H19年度　東北大学〕

---

①　対数微分法を使います．$\log f[x]=(1/2)\log x$ だから，(2-7)式と対数関数の微分公式から $f'[x]/f[x]=1/2x$ となり，両辺に $f[x]=\sqrt{x}$ をかけて答えを求めます．

$$f'[x]=\frac{\sqrt{x}}{2x}=\frac{1}{2}x^{-1/2}$$

6）　(2-7)式左辺に絶対値記号がついているのは，対数関数の定義域が正の実数であって，$f[x]<0$ の場合でも対応させるためです．もちろんその場合でも(2-7)式は成立します．

7）　平方根のついた関数の微分については(2-1)式からも計算できます．まず $f[x]=\sqrt{x}$ を(2-1)式に代入します．

$$f'[x]\equiv\lim_{\Delta x\to 0}\frac{\sqrt{x+\Delta x}-\sqrt{x}}{\Delta x}$$

ここで何らかの方法で分子の根号をはずすことができれば，この極限計算は簡単にできるはずです．そこで右辺の分母分子に $\sqrt{x+\Delta x}+\sqrt{x}$ をかけ（これが分子の有理化），答えを求めます．

$$f'[x]\equiv\lim_{\Delta x\to 0}\frac{\sqrt{x+\Delta x}-\sqrt{x}}{\Delta x}\frac{\sqrt{x+\Delta x}+\sqrt{x}}{\sqrt{x+\Delta x}+\sqrt{x}}=\lim_{\Delta x\to 0}\frac{1}{\sqrt{x+\Delta x}+\sqrt{x}}=(1/2)x^{-1/2}$$

この計算結果から n を自然数とするべき関数の微分公式 $f'[x]=nx^{n-1}$ は，n をすべての実数としても成立することが分かります．

② $ax+b/x\equiv t$ とおけば，与式はこれと $y=f[t]=t^5$ からなる合成関数となります．だから(2-6)式がそのまま使えて，

$$\frac{dy}{dx}=(t^5)'\left(ax+\frac{b}{x}\right)'=5\left(ax+\frac{b}{x}\right)^4\left(a-\frac{b}{x^2}\right)$$

となります．

③ これも $2x+3\equiv t$ とすれば，これと $y=f[t]=\sqrt{t}$ の合成関数になります．よって(2-6)式と①の計算結果から，

$$\frac{dy}{dx}=(\sqrt{t})'(2x+3)'=\frac{1}{\sqrt{2x+3}}$$

となります．

④ $\log f[x]=x\log 2$ ですから，これを(2-7)式に当てはめて $f'[x]/f[x]=\log 2$ であり，ここから $f'[x]=2^x\log 2$ が得られます．[8]

2．中間値の定理

経済分析において微分法は与えられた関数を微分するばかりではなく，微分を使ったさまざまな諸定理が利用されています．本書で出てくるものに限っても，関数の近似計算に使われる**テイラー展開**や**マクローリン展開**，不定形（分数値が定義できない状況）の極限計算に使う**ロピタルの定理**があります．これらはいずれも**中間値の定理**から導出されるものです．本節ではこれに関連する入試問題を見ていくことにします．

さて中間値の定理を証明するに当たって重要な役割を果たすのが**ロールの定理**です．厳密な証明はしませんが，これを示しておきます．

ロールの定理：$y=f[x]$ において，$f[a]=f[b]$ を満たす区間（ただし $a<b$ とする）を考える．このとき a と b の間に，

8） この結果から，一般に底が e ではない指数関数 $f[x]=a^x$（ただし $a>0$）の微分公式は，$f'[x]=a^x\log a$ で与えられることが分かります．なお a がネイピア数のときには $f'[x]=e^x$ で，微分をしてもその形は変わりません．

$$f'[c]=0 \qquad a<c<b$$

を満たす c が存在する.

　この定理の直感は明らかです. $y=f[x]$ において $f[a]=f[b]$ を満たす 2 点を直線で結べば横軸に平行であり, この区間の平均変化率はゼロです. だからこの区間内において, 横軸と平行かつ $y=f[x]$ にちょうど接する直線を見つけ出すことができるはずです. その接点の x 座標を $x=c$ とおけば, そのもとでの微分係数はゼロ, すなわち $f'[c]=0$ だということです.

2. 1. ロピタルの定理

例題 4

　実数値関数 $f[x],g[x]$ に関する以下の問に答えなさい.

① $f[x],g[x]$ は閉区間 $[a,b]$ で連続, かつ開区間 (a,b) で微分可能であるとする. さらに $g[a]\neq g[b]$, かつ $f'[x],g'[x]$ は同時に 0 にならないとする. このとき a と b の間に,

$$\frac{f[b]-f[a]}{g[b]-g[a]}=\frac{f'[c]}{g'[c]}$$

となる c が存在することを証明しなさい.

② $f[x],g[x]$ が半開区間 $[a,b)$ で連続, 開区間 (a,b) で微分可能であるとする. さらに $f[a]=g[a]=0$, 任意の $x\in(a,b)$ において $g'[x]\neq0$ とする. このとき,

$$\lim_{x\to a}\frac{f'[x]}{g'[x]}$$

が存在するならば,

$$\lim_{x\to a}\frac{f[x]}{g[x]}=\lim_{x\to a}\frac{f'[x]}{g'[x]}$$

が成り立つことを証明しなさい.

〔H16年度　京都大学（抜粋）〕

---

① これを証明するに当たって, 次のような関数を定義します.

$$F[x] \equiv (f[b]-f[a])g[x]-(g[b]-g[a])f[x]$$

この関数は $F[a]=F[b]=f[b]g[a]-f[a]g[b]$ を満たします．よってロールの定理から，a と b の間に $F'[c]=0$ を満たす c が存在します．ここから，

$$F'[c]=0 \Leftrightarrow (f[b]-f[a])g'[c]-(g[b]-g[a])f'[c]=0$$

$$\Leftrightarrow \frac{f[b]-f[a]}{g[b]-g[a]} = \frac{f'[c]}{g'[c]} \tag{2-8}$$

が得られ，これで証明完了です．なお(2-8)式のことを**コーシーの定理**といいます．ここで $g[x]=x$ とすれば(2-8)式は，

$$\frac{f[b]-f[a]}{b-a} = f'[c] \tag{2-9}$$

とでき，これが中間値の定理を示す関係式となります．[9]

② (2-8)式において b を x に置き換えます．このとき c は $a<c<x$ を満たしますから，この不等式を変形した $0< \dfrac{c-a}{x-a} \equiv \theta <1$ より，$c=a+\theta(x-a)$ となります．

さて $f[a]=g[a]=0$ より，(2-8)式は，

$$\frac{f[x]-f[a]}{g[x]-g[a]} = \frac{f[x]}{g[x]} = \frac{f'[c]}{g'[c]}$$

と書き換えられます．いま $\lim\limits_{x \to a}(f'[x]/g'[x])$ の存在が仮定されており，$x \to a$ のとき $c \to a$ となりますから，$f'[c]/g'[c]$ の極限も存在します．よって $x \to a$ のときの $f[x]/g[x]$ の極限も存在し，しかも両者は一致する，すなわち，

$$\lim_{x \to a} \frac{f[x]}{g[x]} = \lim_{x \to a} \frac{f'[x]}{g'[x]} \tag{2-10}$$

が成立します．これが 0/0 型の不定形におけるロピタルの定理になります．[10]

9） そしてこれを使えば，関数 f の増減に関する性質が直ちに導くことができます．
  区間 (a,b) に $\alpha < \beta$ となるような2点を任意に取ります．このとき α と β の間に，
  $$(f[\beta]-f[\alpha])/(\beta-\alpha) = f'[\gamma]$$
  を満たす γ が存在します．たとえば $f'[\gamma]>0$ ならば，$\alpha<\beta$ より $f[\beta]>f[\alpha]$ が必ず成立します．α, β の取り方は区間 (a,b) 内で任意ですから，結局この結論は $f[x]$ がこの区間で増加関数であることを示しています．$f'[\gamma] \leq 0$ のケースについても同様の手法で減少関数（あるいは非増加関数）であることを証明することができます．

10） $f[x]/g[x]$ および $f'[x]/g'[x]$ の極限は不定形になるが $f''[x]/g''[x]$ の極限が存在するならば，(2-10)式はコーシーの定理を手がかりに，

　もちろん別な不定形（たとえば ∞/∞）については別の証明が必要なのですが，あらゆる不定形の極限について(2-10)式が成立することが知られています．以降これを前提として例題を解いていくことにします．

例題 5

①　$\displaystyle\lim_{x\to 1}\frac{x^2+x-2}{x-1}$ の極限を求めなさい．　　　〔H19年度　東北大学〕

②　$\displaystyle\lim_{x\to 1}\frac{\log x}{1-x}$ の極限を求めなさい．　　　〔H16年度　京都大学〕

　いずれの問題も 0/0 型の不定形となります．

①　しかし分子が $(x-1)(x+2)$ と因数分解できますから，(2-10)式を使うまでもなく極限値は 3 となります．

②　(2-10)式を使います．

$$\lim_{x\to 1}\frac{\log x}{1-x}=\lim_{x\to 1}\frac{1/x}{-1}=-1$$

2. 2.　テイラー展開およびマクローリン展開

これらは次に示す**テイラーの定理**が基本になっています．

> *テイラーの定理*：$y=f[x]$ が区間 $[a,b]$ で n 回微分可能とする．このとき a と b の間に，
>
> $$f[b]=\sum_{r=0}^{n-1}\frac{f^{(r)}[a]}{r!}(b-a)^r+\frac{f^{(n)}[c]}{n!}(b-a)^n$$
>
> を満たす c が存在する．ただし $f^{(r)}[x]$ は $f[x]$ を r 回微分したことを表す．

　上式右辺第 2 項を剰余項といいますが，これが中間値の定理を使って，

$$\frac{f^{(n)}[c]}{n!}(b-a)^n=\frac{f^{(n)}[a]}{n!}(b-a)^n+o[(b-a)^n]$$

$$\lim_{x\to a}(f'[x]/g'[x])=\lim_{x\to a}(f''[x]/g''[x])$$

とすることができます．こうして不定形の極限を計算する場合，極限が存在するまで何度でも f,g を個別に微分すればいいわけです．

となることが証明できます（厳密な証明は省略します）[11]．ここで b を x に置き換えた，

$$f[x]=\sum_{r=0}^{n}\frac{f^{(r)}[a]}{r!}(x-a)^r+o[(x-a)^n] \qquad (2\text{-}11a)$$

を $f[x]$ の $x=a$ におけるテイラー展開，そしてこの式で $a=0$ とおいたテイラー展開，

$$f[x]=\sum_{r=0}^{n}\frac{f^{(r)}[0]}{r!}x^r+o[x^n] \qquad (2\text{-}11b)$$

がマクローリン展開となるわけです．

　これらを直感的に理解するために，対数関数 $f[x]=\log x$ を考えます，(2-11a)式において $n=1,a=1$ とすると，

$$f[x]=x-1+o[x-1] \qquad (2\text{-}12a)$$

となり，$o[x-1]$ を無視したものを1次（線形）近似といいます．そして(2-11a)式において $n=2,a=1$ とすると，

$$f[x]=-\frac{1}{2}x^2+2x-\frac{3}{2}+o[(x-1)^2] \qquad (2\text{-}12b)$$

となり，$o[(x-1)^2]$ を無視したものを2次近似といいます．

　$f[x]=\log x$ および(2-12)式を図示したものが図2-3です．これをみると，$x=1$ で3つの関数は完全に一致しますが，少しでも離れると(2-12)式は $\log x$ に一致しません．しかし(2-12a)式に比べると，$x=1$ の近傍で(2-12b)式は確実に $\log x$ の近くに位置しています．つまり $o[(x-1)^n]$ は対数関数を n 次多項式

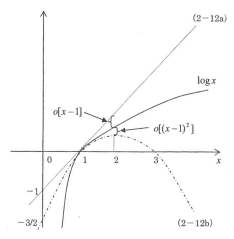

図2-3　$f[x]=\log x$ の近似

で表現したときの $x=1$ の近傍における誤差であり，n を大きくするほど o $[(x-1)^n]$ が小さくなる，すなわち対数関数と n 次多項式との誤差が小さくなることを意味しています．

3. 多変数関数の微分

1 変数関数の微分に関する議論はそのまま多変数関数に拡張できます．本節では，多変数関数の微分に関する入試問題を解説していきます．ただし解説に当たっては，独立変数が x_1, x_2 である 2 変数関数 $y=f[x_1, x_2]$ を中心に行います．

3. 1. 予備的考察

(1) 偏微分

$y=f[x_1, x_2]$ 上に $(x_1, x_2)=(a, b)$ をとります．ここで x_1 のみが a から $a+\Delta x_1$ に変化したとします．このときの従属変数 y の変化分との比率，

$$\frac{f[a+\Delta x_1, b]-f[a, b]}{\Delta x_1}$$

の $\Delta x_1 \to 0$ における極限を求めます．もしこれが存在するならば，

$$\lim_{\Delta x_1 \to 0} \frac{f[a+\Delta x_1, b]-f[a, b]}{\Delta x_1} \equiv \frac{\partial f[a, b]}{\partial x_1} \tag{2-13a}$$

という記号を与えます．[12] もう 1 つの独立変数 x_2 についても同じ演算をして極限が存在する場合，

$$\lim_{\Delta x_2 \to 0} \frac{f[a, b+\Delta x_2]-f[a, b]}{\Delta x_2} \equiv \frac{\partial f[a, b]}{\partial x_2} \tag{2-13b}$$

という記号を与えます．これらを $y=f[x_1, x_2]$ の $(x_1, x_2)=(a, b)$ における x_i $(i=1, 2)$ の**偏微分係数**といいます．そしてこの演算結果は (x_1, x_2) に依存しますから，これを一般化した $\partial f[x_1, x_2]/\partial x_i$ のことを**偏導関数**といいます．[13] 一般に多変数関数の偏微分は，複数ある独立変数のうち 1 つだけが微小変化したと

---

12) 「∂」は 1 変数関数の微分記号「d」と区別してつけられる偏微分記号です．

13) 偏導関数を簡略化して $f_i[x_1, x_2]$ とも表記します（$i=1, 2$ は第 i 変数を示す下添え字である）が，本書では特に断りのない限り偏導関数を $\partial f[x_1, x_2]/\partial x_i$ で表記します．

きの従属変数の変化を示したもので，演算そのものは1変数関数の場合と同じです．つまり第1節でみた1変数関数の微分公式がそのまま利用できます．

そして1変数関数の場合と同様，たとえば $\Delta x_1 \to 0$ のときに，

$$\lim_{\Delta x_1 \to 0} \frac{\partial f[x_1 + \Delta x_1, x_2]/\partial x_1 - \partial f[x_1, x_2]/\partial x_1}{\Delta x_1}$$

が存在するとき，これを x_1 に関する2階偏導関数といい，$\partial^2 f[x_1, x_2]/\partial x_1^2$ とかきます．他方 x_2 に関する偏導関数で $\Delta x_1 \to 0$ としたとき，

$$\lim_{\Delta x_1 \to 0} \frac{\partial f[x_1 + \Delta x_1, x_2]/\partial x_2 - \partial f[x_1, x_2]/\partial x_2}{\Delta x_1}$$

が存在するとき，これを**交差偏微分**といい，$\partial^2 f[x_1, x_2]/(\partial x_1)(\partial x_2)$ と表します．[14] 一般に多変数関数を複数回偏微分することを**高階偏微分**といいます．

(2)　全微分

偏微分と同様に $y = f[x_1, x_2]$ 上に $(x_1, x_2) = (a, b)$ をとります．ここで x_1, x_2 が同時に (a, b) から $(a + \Delta x_1, b + \Delta x_2)$ に変化したとします．このときの y の変化分は，

$$\Delta y = f[a + \Delta x_1, b + \Delta x_2] - f[a, b]$$

と書くことができます．次に右辺第1項に注目して $f[a, b + \Delta x_2]$ を加減します．

$$\Delta y = f[a + \Delta x_1, b + \Delta x_2] - f[a, b + \Delta x_2] + f[a, b + \Delta x_2] - f[a, b] \quad (2\text{-}14)$$

ここで $f[a + \Delta x_1, b + \Delta x_2] - f[a, b + \Delta x_2]$ に注目します．これは $x_2 = b + \Delta x_2$ に固定したもとで x_1 が a から Δx_1 だけ変化したときの y の変化分を表しています．これを1変数関数とみなして2点 $(a, b + \Delta x_2)$，$(a + \Delta x_1, b + \Delta x_2)$ 間の平均変化率を $\partial f[a, b]/\partial x_1 + \varepsilon_1$ とおけば，

$$f[a + \Delta x_1, b + \Delta x_2] - f[a, b + \Delta x_2] = \left(\frac{\partial f[a, b]}{\partial x_1} + \varepsilon_1 \right) \Delta x_1$$

と表せます．残りの部分 $f[a, b + \Delta x_2] - f[a, b]$ についても同様の議論を展開

---

14)　ここでは $f[x_1, x_2]$ の x_2 に関する偏導関数を x_1 で偏微分する形で交差偏微分を定義しましたが，$f[x_1, x_2]$ の x_1 に関する偏導関数を x_2 で偏微分しても交差偏微分が定義できます．ここで重要なことは，交差偏微分において偏微分する順番は演算結果に影響を受けないこと，すなわち $\partial^2 f[x_1, x_2]/(\partial x_1)(\partial x_2) = \partial^2 f[x_1, x_2]/(\partial x_2)(\partial x_1)$ が成立することです．これを**ヤングの定理**といいます．

して，

$$f[a, b+\Delta x_2] - f[a, b] = \left(\frac{\partial f[a, b]}{\partial x_2} + \varepsilon_2\right)\Delta x_2$$

と表します．これらを (2-14) 式に代入すれば，

$$\Delta y = \frac{\partial f[a, b]}{\partial x_1}\Delta x_1 + \frac{\partial f[a, b]}{\partial x_2}\Delta x_2 + (\varepsilon_1\Delta x_1 + \varepsilon_2\Delta x_2)$$

となります．ここで $\Delta x_1, \Delta x_2 \to 0$ のときの上式の極限を考えます．このとき右辺第 3 項以降 $\varepsilon_1\Delta x_1 + \varepsilon_2\Delta x_2$ は $\Delta x_1, \Delta x_2$ よりも早くゼロに収束しますから，Δ を d に置き換えて一般化した，

$$dy = \frac{\partial f[x_1, x_2]}{\partial x_1}dx_1 + \frac{\partial f[x_1, x_2]}{\partial x_2}dx_2 \tag{2-15}$$

によって**全微分の公式**が導出できます．

(3)　合成関数の微分公式

以上の考察を踏まえると，多変数関数における合成関数の微分公式が導出できます．

$y = f[x_1, x_2]$ が与えられ，x_1, x_2 が別の変数 t の関数として $x_1 = \phi[t]$ および $x_2 = \varphi[t]$ と与えられているとします．このとき x_1, x_2 を 2 変数関数に代入した $y = f[\phi[t], \varphi[t]] \equiv g[t]$ も合成関数といいます．

いまある水準から t が Δt だけ変化したとします．このとき関数 ϕ, φ を通じて変化する x_1, x_2 を $\Delta x_1, \Delta x_2$ とすれば，y の変化は，

$$g[t+\Delta t] - g[t] = f[\phi[t+\Delta t], \varphi[t+\Delta t]] - f[\phi[t], \varphi[t]]$$
$$= f[x_1+\Delta x_1, x_2+\Delta x_2] - f[x_1, x_2]$$

と書くことができ，さらに全微分の公式の導出過程で使った式を使えば，

$$g[t+\Delta t] - g[t] = \frac{\partial f[\phi[t], \varphi[t]]}{\partial x_1}\Delta x_1 + \frac{\partial f[\phi[t], \varphi[t]]}{\partial x_2}\Delta x_2 + \varepsilon_1\Delta x_1 + \varepsilon_2\Delta x_2$$

となります．ここで両辺を Δt で割ったもの，

$$\frac{g[t+\Delta t]-g[t]}{\Delta t} = \frac{\partial f[\phi[t],\varphi[t]]}{\partial x_1}\frac{\Delta x_1}{\Delta t} + \frac{\partial f[\phi[t],\varphi[t]]}{\partial x_2}\frac{\Delta x_2}{\Delta t} + \left(\varepsilon_1\frac{\Delta x_1}{\Delta t} + \varepsilon_2\frac{\Delta x_2}{\Delta t}\right)$$

の $\Delta t \to 0$ における極限を考えます．まず左辺は (2-1) 式より $g'[t]$ に収束し，右辺にある $\Delta x_i/\Delta t$ もそれぞれ $\Delta x_1/\Delta t \to \phi'[t], \Delta x_2/\Delta t \to \varphi'[t]$ に収束します．ところが $\varepsilon_1, \varepsilon_2 \to 0$ になるため，右辺第 3 項の（　）内はゼロに収束します．ゆ

えに,

$$g'[t] = \frac{\partial f[\phi[t], \varphi[t]]}{\partial x_1}\phi'[t] + \frac{\partial f[\phi[t], \varphi[t]]}{\partial x_2}\varphi'[t] \tag{2-16}$$

同じことですが,

$$\frac{dy}{dt} = \frac{\partial y}{\partial x_1}\frac{dx_1}{dt} + \frac{\partial y}{\partial x_2}\frac{dx_2}{dt}$$

が得られます．これが多変数関数における合成関数の微分公式となります．

以上の解説を通じてすぐ解答できる例題を見ていくことにしましょう．

例題 6

関数 $z = x^y$ に関して次のものを求めよ．

① $\dfrac{\partial z}{\partial x}$　　② $\dfrac{\partial z}{\partial y}$　　③ $x = 2t, y = 3t$ とおいたときの $\dfrac{dz}{dt}$

〔H16年度　兵庫県立大学〕

---

①　y が固定されていると考えれば, 与式はべき関数とみなせます．よって $\partial z/\partial x = yx^{y-1}$ となります．

②　x が固定されていると考えれば, 与式は指数関数とみなせます．よって対数微分法(2-7)式を通じて $(x^y)'/(x^y) = \log x$ となり, ここから $\partial z/\partial x = x^y\log x$ となります．

③　①, ②の答えおよび $x = 2t, y = 3t$ を(2-16)式に代入して答えを出します．

$$\frac{dz}{dt} = yx^{y-1}(2t)' + (x^y\log x)(3t)' = 3(2t)^{3t}(1 + \log 2 + \log t)$$

3．2．多変数関数の k 次同次性

経済学では与えられた関数の同次性が問題になることがしばしばあります．多変数関数 $y = f[x_1, x_2]$ が k 次同次関数であるとは, $t > 0$ として,

$$f[tx_1, tx_2] = t^k f[x_1, x_2]$$

という関係式が成立するものをいいます．ここで両辺を t で微分すると,

$$x_1\frac{\partial f[tx_1, tx_2]}{\partial x_1} + x_2\frac{\partial f[tx_1, tx_2]}{\partial x_2} = kt^{k-1}f[x_1, x_2]$$

となります．そして $t=1$ とおいた関係式，

$$x_1\frac{\partial f[x_1,x_2]}{\partial x_1}+x_2\frac{\partial f[x_1,x_2]}{\partial x_2}=kf[x_1,x_2] \tag{2-17}$$

のことを**オイラーの定理**といいます．これに関する例題を見ていきましょう．

例題7

$f[x,y,z]=x^{0.3}y^{0.8}z^{0.9}$ のとき，$x\dfrac{\partial f}{\partial x}+y\dfrac{\partial f}{\partial y}+z\dfrac{\partial f}{\partial z}$ を求めよ．

〔H13年度　大阪市立大学〕

3変数関数になっていますが，考え方はこれまで解説したのと同じです．まず与式を各独立変数で偏微分します．

$$\frac{\partial f[x,y,z]}{\partial x}=0.3x^{-0.7}y^{0.8}z^{0.9}=\frac{0.3f[x,y,z]}{x}$$

$$\frac{\partial f[x,y,z]}{\partial y}=0.8x^{0.3}y^{-0.2}z^{0.9}=\frac{0.8f[x,y,z]}{y}$$

$$\frac{\partial f[x,y,z]}{\partial z}=0.9x^{0.3}y^{0.8}z^{-0.1}=\frac{0.9f[x,y,z]}{z}$$

ここから答えが出ます．

$$x\frac{\partial f[x,y,z]}{\partial x}+y\frac{\partial f[x,y,z]}{\partial y}+z\frac{\partial f[x,y,z]}{\partial z}=2f[x,y,z]$$

つまり与式は2次同次関数であることが分かります．

例題8

次の関数について以下の問に答えよ．

$$Y=A[\alpha K^{-\rho/\beta}+(1-\alpha)L^{-\rho/\beta}]^{-\gamma/\rho} \quad (A>0, 0<\alpha<1, \rho>-1)$$

① この関数が1次同次関数であるための条件を記せ．

② ①の条件が満たされているとする．このとき $\left|\dfrac{d(\log(K/L))}{d(\log(w/r))}\right|$ を求めよ．ここで w と r は L と K の価格をそれぞれ表している．

〔H15年度　兵庫県立大学〕

---

① 与式を(2-17)式に適応させるために，$m \equiv \alpha K^{-\rho/\beta} + (1-\alpha) L^{-\rho/\beta}$ として Y の K, L に関する偏微分を合成関数の微分公式を使って計算します．

$$\frac{\partial Y}{\partial K} = \frac{dY}{dm}\frac{\partial m}{\partial K} = \frac{\gamma}{\beta} A \left[\alpha K^{-\rho/\beta} + (1-\alpha) L^{-\rho/\beta} \right]^{-\gamma/\rho - 1} \alpha K^{-\rho/\beta - 1} \quad (2\text{-}18\text{a})$$

$$\frac{\partial Y}{\partial L} = \frac{dY}{dm}\frac{\partial m}{\partial L} = \frac{\gamma}{\beta} A \left[\alpha K^{-\rho/\beta} + (1-\alpha) L^{-\rho/\beta} \right]^{-\gamma/\rho - 1} (1-\alpha) L^{-\rho/\beta - 1}$$

$$(2\text{-}18\text{b})$$

この結果を(2-17)式左辺に代入します．

$$K\frac{\partial Y}{\partial K} + L\frac{\partial Y}{\partial L} = \frac{\gamma}{\beta} A \left[\alpha K^{-\rho/\beta} + (1-\alpha) L^{-\rho/\beta} \right]^{-\gamma/\rho} = \frac{\gamma}{\beta} Y$$

よって与式が1次同次関数であるためには(2-17)式より，$\gamma/\beta = 1$ でなければなりません．

② 解答に行く前に少し解説しておきます．問題文にある $|d(\log(K/L))/d(\log(w/r))|$ のことを**代替の弾力性**といい，（基本は第5章で解説しますが）これは要素価格比 (w/r) が1％変化したときに資本労働比率 (K/L) が何％変化するかを表す指標です[15]．正確には，

$$\left| \frac{d(K/L)/(K/L)}{d(w/r)/(w/r)} \right|$$

ですが，これは分母分子に対数微分法が適応できるのと，（すぐ後で示しますが）K/L が w/r の関数であることを利用します．

$$\left| \frac{d(K/L)/(K/L)}{d(w/r)/(w/r)} \right| = \left| \frac{d(\log(K/L))/d(w/r)}{d(\log(w/r))/d(w/r)} \right| = \left| \frac{d(\log(K/L))}{d(\log(w/r))} \right|$$

ここで中辺の分母分子にある $d(w/r)$ が消去できて，問題文にある形になるわけです．

ところで K に資本という意味を与えると(2-18a)式が資本の限界生産力であり，ある条件のもとでこれが r に等しくなります．同様にして L に労働という意味を与えると(2-18b)式が労働の限界生産力であり，これもある条件のもとで w に等しくなります．そこで(2-18b)式右辺を(2-18a)式で割ります．この結果はある条件のもとで w/r に等しくなるので，

$$\frac{1-\alpha}{\alpha} \left(\frac{K}{L} \right)^{(\rho+\beta)/\beta} = \frac{w}{r}$$

---

15) 絶対値を取るのは，弾力性が非負の値で定義されるからです．

となります．そしてこれを K/L について解いた上で両辺の対数を取った式，

$$\log\left(\frac{K}{L}\right)=\frac{\beta}{\beta+\rho}\log\left(\frac{\alpha}{1-\alpha}\right)+\frac{\beta}{\beta+\rho}\log\left(\frac{w}{r}\right)$$

において，$\log(K/L)$ および $\log(w/r)$ をそれぞれ1つの変数と見なして答えを出します．

$$\left|\frac{d(\log(K/L))}{d(\log(w/r))}\right|=\frac{\beta}{\beta+\rho} \tag{2-19}$$

つまり与式における代替の弾力性は一定値を取ります．この性質を持つ関数を CES 型関数[16]といいます．

3. 3. 比較静学分析

経済分析では微分に並んで連立方程式がよく出てきます．このとき係数や定数項に経済学的に意味のある場合がほとんどで，これらが変化したときに計算

---

16)　この関数は ρ の値によってさまざまな形をとることで知られています．

$\beta=\gamma=1$ として，まず $\rho\to-1$ のとき CES 型関数は $Y=A[\alpha K+(1-\alpha)L]$ となり，このケースは(2-19)式が無限大であることから**完全代替型**とよんでいます．

次に $\rho\to0$ のケースを考えます．これは CES 型関数の両辺の対数をとった，

$$\log Y=\log A-\log[\alpha K^{-\rho}+(1-\alpha)L^{-\rho}]/\rho$$

の極限を求めます．しかし右辺第2項が 0/0 型の不定形となるので，この部分について(2-10)式および脚注9で示した微分公式を使います．

$$\lim_{\rho\to0}\{-\log[\alpha K^{-\rho}+(1-\alpha)L^{-\rho}]/\rho\}$$
$$=\lim_{\rho\to0}\{[\alpha K^{-\rho}\log K+(1-\alpha)L^{-\rho}\log L]/[\alpha K^{-\rho}+(1-\alpha)L^{-\rho}]\}$$
$$=\alpha\log K+(1-\alpha)\log L$$

よってこのケースでは $Y=AK^{\alpha}L^{1-\alpha}$ となり，これを**コブ＝ダグラス型関数**といいます．

最後に $\rho\to\infty$ のケースを考えます．しかし上のように対数をとって(2-10)式を使うことができません．そこで次のように考えます．

たとえば $K<L$ とします．これは $K^{-\rho}>L^{-\rho}$ であることと同値であり，

$$\alpha K^{-\rho}<\alpha K^{-\rho}+(1-\alpha)L^{-\rho}<K^{-\rho}$$

が成立します．ここで各辺を $-1/\rho$ 乗して A 倍すると，

$$\alpha^{-1/\rho}AK>Y>AK$$

ですので，$\rho\to\infty$ のとき $Y=AK$ になります．$K>L$ のケースも同様に議論でき，このときには $Y=AL$ になります．よってこのケースで CES 型関数は $Y=A\cdot\min\{K,L\}$ という**レオンティエフ型関数**になります（(2-19)式がゼロとなるので**完全補完型**ともいいます）．なお $\min\{,\}$ は K,L のうち小さい方で規定されることを表します．

結果がどう変化するかを見る場面に多く直面します．これを行うための手法が比較静学分析です．

例題9

　2個の未知数 x, y と2個のパラメータ a, c からなる連立方程式，

$$2x - y - a = 0$$
$$5x + 3y + 2c = 0$$

がある．これらの全微分を行列で表し，変数 x, y のパラメータ a, c に関する偏微分を求めなさい．なお式の展開は，行列表示のまま行いなさい．

〔H15年度　大阪市立大学〕

　問題の指示通り，与式を全微分したものを行列とベクトルで表現します．

$$\begin{pmatrix} 2 & -1 \\ 5 & 3 \end{pmatrix} \begin{pmatrix} dx \\ dy \end{pmatrix} = \begin{pmatrix} da \\ -2dc \end{pmatrix} \tag{2-20}$$

ここで(2-20)式の係数行列 $\begin{pmatrix} 2 & -1 \\ 5 & 3 \end{pmatrix} \equiv J$ は与式の1階偏導関数から構成されているとみることができ，これを**ヤコビ行列**といいます．この行列の行列式は $|J| = 11 \neq 0$ であって，第1章より逆行列 J^{-1} が存在することが分かります．(1-9)式よりこの逆行列を求め，これを(2-20)式両辺の左側からかけると，

$$\begin{pmatrix} dx \\ dy \end{pmatrix} = \frac{1}{11} \begin{pmatrix} 3 & 1 \\ -5 & 2 \end{pmatrix} \begin{pmatrix} da \\ -2dc \end{pmatrix} = \frac{1}{11} \begin{pmatrix} 3da - 2dc \\ -5da - 4dc \end{pmatrix}$$

と求められます．よって $dc = 0$ とすれば，

$$\begin{pmatrix} \partial x / \partial a \\ \partial y / \partial a \end{pmatrix} = \begin{pmatrix} 3/11 \\ -5/11 \end{pmatrix}$$

そして $da = 0$ とすれば，

$$\begin{pmatrix} \partial x / \partial c \\ \partial y / \partial c \end{pmatrix} = \begin{pmatrix} -2/11 \\ -4/11 \end{pmatrix}$$

と偏微分を求めることができます．

練習問題

問題1　次の関数を微分しなさい

① $f[x] = \dfrac{C}{1+x} + \dfrac{C}{(1+x)^2} + \dfrac{C}{(1+x)^3}$　（C は定数）

〔H19年度　東北大学〕

② $f[x] = \sqrt{\log x}$　　　　　　　　　　　　〔H19年度　東北大学（改題）〕

③ $f[x] = \log\left(\dfrac{2x}{3x+4}\right)$　　　　　　　〔H14年度　兵庫県立大学〕

問題2

$\log y = a\log x + \log e^{kx-c}$ が成り立つとき，$\dfrac{dy}{dx}$ を求めよ。

〔H15年度　兵庫県立大学〕

問題3

$\displaystyle\lim_{x\to\infty}\dfrac{-5x^2+4}{x^2+4x-2}$ の極限を求めなさい。　　　〔H20年度　東北大学〕

問題4

1回連続微分可能な関数 $z = f[x, y]$ について $u = x+y, v = x-y$ と変換したとき，$\dfrac{\partial z}{\partial u}$ および $\dfrac{\partial z}{\partial v}$ を $\dfrac{\partial f}{\partial x}$ および $\dfrac{\partial f}{\partial y}$ を用いて表せ。

〔H16年度　兵庫県立大学（抜粋）〕

問題5

以下の連立方程式に関して，設問に答えよ。

$$ax + by = c$$
$$\alpha x + \beta y = \gamma$$

① それぞれの式を全微分してできる連立方程式を，行列を用いて示せ。

② クラメールの公式を使って，$\dfrac{\partial x}{\partial c}$ を求めよ。

〔H15年度　兵庫県立大学（抜粋）〕

第 ❸ 章

最適化問題

　前章で見た微分法の基礎知識を前提にして，本章では経済分析の根幹の１つである最適化問題についてみていくことにします．

　経済学では，消費者や生産者といった経済主体の行動を何らかの関数値の極大・極小化問題として定式化します．実際は極値を満たす独立変数を選択する問題であり，これが最適制御問題です．その際，（第４章以降で詳しく解説しますが）経済主体の行動は何らかの意味でとりうる行動が制限されており，これを念頭においた関数値の極大・極小化問題が主要な考察対象になります．これを解くための手法をラグランジェ乗数法といいますが，本章ではここを最終目標として，それに関連する知識について出題された入試問題を解説していくことにします．

1. 予備的考察 〜関数の凹性・凸性〜

　最初に関数の極大・極小に必要な概念について簡単に触れていくことにしましょう．

　経済学では関数の凹性・凸性がよく問題になります．そしてこの性質が関数の極大・極小に決定的な役割を果たします．

定義：x（これは実数値でもベクトルでもいい）がある区間で定義されているとする．この区間に x_1, x_2（ただし $x_1 < x_2$）をとったとき，$0 \leq \alpha \leq 1$ を満たす任意の α に対して $f[x]$ が，

$$f[\alpha x_2 + (1-\alpha) x_1] \leq \alpha f[x_2] + (1-\alpha) f[x_1] \qquad ①$$

を満たすとき，この区間で $f[x]$ は**凸関数**であるという．不等号の向きが逆，すなわち，

$$f[\alpha x_2 + (1-\alpha)x_1] \geq \alpha f[x_2] + (1-\alpha)f[x_1] \qquad ②$$

であるとき，この区間で $f[x]$ は**凹関数**であるという．

なお①において等号がつかない場合は**狭義の凸関数**，②において等号がつかない場合は**狭義の凹関数**という．

この定義を視覚的に捉えたものが図 3 − 1 です．この図において C 点は 2 点 A, B を $\alpha:1-\alpha$ に内分する点です[1)]．凸関数とはこの C 点が $f[x]$ の上部にあり，逆に凹関数は C 点が $f[x]$ 下部にあることで特徴づけられます．

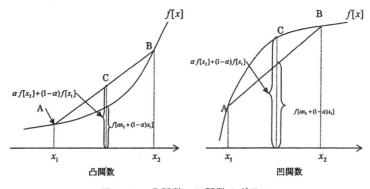

図 3 − 1　凸関数・凹関数のグラフ

ここでの主旨は，微分法を通じて上で定義された凸（凹）関数の性質を明らかにすることです．そこで 1 変数関数の場合から見ていきましょう．

$f[x]$ が凸関数だとします．そしてこれを満たす区間に x_1, x_2, x_3（ただし $x_1 < x_2 < x_3$）を任意に取ります．ここで $\alpha \equiv \dfrac{x_2 - x_1}{x_3 - x_1} < 1$ とおくと $x_2 = \alpha x_3 + (1-\alpha)x_1$ であり，①式から 2 点 x_1, x_3 の間では，

$$f[x_2] - f[x_1] \leq \alpha(f[x_3] - f[x_1]) \qquad (3\text{-}1)$$

を満足し，ここに α を戻すと，

---

1)　C 点に該当する $\alpha x_2 + (1-\alpha)x_1$ および $\alpha f[x_2] + (1-\alpha)f[x_1]$ のことを x および $f[x]$ の**凸結合**といいます．そして凸結合が定義された区間内にあるとき，これを**凸集合**といいます．

$$\frac{f[x_2]-f[x_1]}{x_2-x_1} \leq \frac{f[x_3]-f[x_1]}{x_3-x_1} \tag{3-2}$$

が成立します。他方(3-1)式の両辺から $f[x_3]$ を引くと、2点 x_2, x_3 の間では、

$$f[x_3]-f[x_2] \geq (1-\alpha)(f[x_3]-f[x_1])$$

と不等号の向きが逆になります。これに α を戻すと、

$$\frac{f[x_3]-f[x_2]}{x_3-x_2} \geq \frac{f[x_3]-f[x_1]}{x_3-x_1} \tag{3-3}$$

が成立し、(3-2)式と(3-3)式を組合せると、

$$\frac{f[x_2]-f[x_1]}{x_2-x_1} \leq \frac{f[x_3]-f[x_2]}{x_3-x_2}$$

が得られます。ここで左辺において $x_2 \to x_1$ とすれば $f'[x_1]$ に収束し、$x_2 \to x_3$ とすれば $f'[x_3]$ に収束します。結局この不等式は $f'[x_1] \leq f'[x_3]$ を意味し、この区間において $f'[x]$ が非減少であることを示しています。言い換えると $f[x]$ が凸関数ならば2階導関数が非負、すなわち $f''[x] \geq 0$ となることを意味します。[2]

この議論は多変数関数の場合にも適応可能ですが、少々複雑な操作が必要です。

2変数関数 $z=f[x,y]$ のある区間内に2点 $(x_1, y_1), (x_2, y_2)$ をとり、これを[3]固定します。この関数が凸関数ならば、①式より、

$$f[\alpha x_2 + (1-\alpha)x_1, \alpha y_2 + (1-\alpha)y_1] \leq \alpha f[x_2, y_2] + (1-\alpha)f[x_1, y_1]$$

が成立します。いま2点が固定されているので、$F[\alpha] \equiv f[x_1 + \alpha(x_2-x_1),$ $y_1 + \alpha(y_2-y_1)]$ とおきます。このとき $f[x_1, y_1] = F[0]$ であることを利用して、上式を整理します。

$$\frac{F[\alpha]-F[0]}{\alpha} \leq f[x_2, y_2] - f[x_1, y_1]$$

ここで $\alpha \to 0$ のとき左辺は $F'[0]$ に収束し、(2-16)式を使って、

$$\frac{\partial f[x_1, y_1]}{\partial x}(x_2-x_1) + \frac{\partial f[x_1, y_1]}{\partial y}(y_2-y_1) \leq f[x_2, y_2] - f[x_1, y_1] \tag{3-4}$$

という関係式が成立します。

さて、1変数関数と同様 $z=f[x,y]$ が凸関数であることを2階偏導関数を使って表現してみようと思いますが、その際、2変数関数におけるテイラーの

---

2) $f[x]$ が凹関数である場合、すべての不等号が逆向きになるので $f'[x]$ はこの区間で非増加、すなわち $f''[x] \leq 0$ が成立します。

3) もちろん x, y は凸集合であるとします。

定理が利用されます.

> *2変数関数のテイラーの定理*：(x_1, y_1) の近傍で $f[x, y]$ が m 階までの偏導関数を持つならば，(x_1, y_1) の近傍の $(x_1 + \Delta x, y_1 + \Delta y)$ において，
>
> $$f[x_1 + \Delta x, y_1 + \Delta y] = \sum_{r=0}^{m-1} \frac{1}{r!} \left(\frac{\partial}{\partial x} \Delta x + \frac{\partial}{\partial y} \Delta y \right)^r f[x_1, y_1]$$
> $$+ \left(\frac{\partial}{\partial x} \Delta x + \frac{\partial}{\partial y} \Delta y \right)^m f[x_1 + \theta \Delta x, y_1 + \theta \Delta y] \qquad ③$$
>
> （ただし $0 < \theta < 1$）が成立する．ここで $((\partial/\partial x)\Delta x + (\partial/\partial y)\Delta y)^r$ は $f[x, y]$ を x, y について r 回偏微分したことを表す演算子である.[4)]

2階偏導関数に注目するため，③式において $m = 2$ とすると,[5)]

$$f[x_1 + \Delta x, y_1 + \Delta y] = f[x_1, y_1] + \frac{\partial f[x_1, y_1]}{\partial x} \Delta x + \frac{\partial f[x_1, y_1]}{\partial y} \Delta y$$
$$+ \frac{1}{2} \frac{\partial^2 f[x_1, y_1]}{\partial x^2} (\Delta x)^2 + \frac{\partial^2 f[x_1, y_1]}{\partial x \partial y} (\Delta x)(\Delta y) + \frac{1}{2} \frac{\partial^2 f[x_1, y_1]}{\partial y^2} (\Delta y)^2$$

となります．ここで左辺と右辺第3項までを $\Delta x \equiv x_2 - x_1, \Delta y \equiv y_2 - y_1$ として(3-4)式に代入します.

$$\frac{1}{2} \frac{\partial^2 f[x_1, y_1]}{\partial x^2} (\Delta x)^2 + \frac{\partial^2 f[x_1, y_1]}{\partial x \partial y} (\Delta x)(\Delta y) + \frac{1}{2} \frac{\partial^2 f[x_1, y_1]}{\partial y^2} (\Delta y)^2 \geq 0$$

これを第1章でみた2次形式で表現して,

$$\frac{1}{2} (\Delta x \quad \Delta y) \begin{pmatrix} \dfrac{\partial^2 f[x_1, y_1]}{\partial x^2} & \dfrac{\partial^2 f[x_1, y_1]}{\partial x \partial y} \\ \dfrac{\partial^2 f[x_1, y_1]}{\partial x \partial y} & \dfrac{\partial^2 f[x_1, y_1]}{\partial y^2} \end{pmatrix} \begin{pmatrix} \Delta x \\ \Delta y \end{pmatrix} \geq 0 \qquad (3\text{-}5)$$

となります．ここで2階偏導関数からなる行列 $\begin{pmatrix} \partial^2 f / \partial x^2 & \partial^2 f / \partial x \partial y \\ \partial^2 f / \partial x \partial y & \partial^2 f / \partial y^2 \end{pmatrix} \equiv$

---

4)　たとえば $m = 2$ のときこの演算子は展開公式から,
$$((\partial/\partial x)\Delta x + (\partial/\partial y)\Delta y)^2$$
$$= (\partial^2/\partial x^2)(\Delta x)^2 + 2(\partial/\partial y)(\partial/\partial x)(\Delta x)(\Delta y) + (\partial^2/\partial y^2)(\Delta y)^2$$
となり，これを関数 f に当てはめると,
$$(\partial^2 f/\partial x^2)(\Delta x)^2 + 2(\partial^2 f/\partial y \partial x)(\Delta x)(\Delta y) + (\partial^2 f/\partial y^2)(\Delta y)^2$$
と書くことができます.

5)　ただし以下の説明において $\Delta x, \Delta y$ が十分小さな値だとして，$\theta \Delta x = \theta \Delta y = 0$ と仮定します.

H を**ヘッセ行列**といいます．(3-5)式はこの 2 次形式が非負値であることを意味し，その条件は(1-15)式より確定することができます．

$$\frac{\partial^2 f[x_1, y_1]}{\partial x^2} \geq 0$$

$$\frac{\partial^2 f[x_1, y_1]}{\partial x^2} \frac{\partial^2 f[x_1, y_1]}{\partial y^2} - \left(\frac{\partial^2 f[x_1, y_1]}{\partial x \partial y} \right)^2 \geq 0 \tag{3-6a}$$

これらの条件から，$\partial^2 f[x_1, y_1]/\partial y^2 \geq 0$ であることも導かれます．

以上の考察から解答できる例題を見ていきましょう．

例題1

　変数 $x_1, x_2 > 0$ とパラメータ $\alpha_1, \alpha_2 > 0$ で定義された関数 $u = x_1^{\alpha_1} x_2^{\alpha_2}$ が凹関数となる条件が $1 - \alpha_1 - \alpha_2 > 0$ であることを，関数 u のヘッセ行列の条件を用いて証明せよ．

〔H18年度　京都大学〕

　一般に $f[x, y]$ が凹関数である場合，2 次形式の符号は(3-5)式とは逆に，すなわち非正になるので，(1-16)式を適応して条件を確定します．

$$\frac{\partial^2 f[x_1, y_1]}{\partial x^2} \leq 0$$

$$\frac{\partial^2 f[x_1, y_1]}{\partial x^2} \frac{\partial^2 f[x_1, y_1]}{\partial y^2} - \left(\frac{\partial^2 f[x_1, y_1]}{\partial x \partial y} \right)^2 \geq 0 \tag{3-6b}$$

そして $\partial^2 f[x_1, y_1]/\partial y^2 \leq 0$ も与えられます．この条件に問題の 2 変数関数を適応させます．そのために，与式の 2 階偏導関数と交差偏微分を計算しましょう．

$$\frac{\partial^2 u}{\partial x_1^2} = \alpha_1 (\alpha_1 - 1) x_1^{\alpha_1 - 2} x_2^{\alpha_2}, \quad \frac{\partial^2 u}{\partial x_2^2} = \alpha_2 (\alpha_2 - 1) x_1^{\alpha_1} x_2^{\alpha_2 - 2}$$

$$\frac{\partial^2 u}{\partial x_2 \partial x_1} = \frac{\partial^2 u}{\partial x_1 \partial x_2} = \alpha_1 \alpha_2 x_1^{\alpha_1 - 1} x_2^{\alpha_2 - 1}$$

これらを(3-6b)式に代入します．

$$\frac{\partial^2 u}{\partial x_i^2} \leq 0 \Leftrightarrow 0 < \alpha_i \leq 1 \quad (i = 1, 2)$$

$$\frac{\partial^2 u}{\partial x_1^2} \frac{\partial^2 u}{\partial x_2^2} - \left(\frac{\partial^2 u}{\partial x_1 \partial x_2} \right)^2 \geq 0 \Leftrightarrow \alpha_1 \alpha_2 (x_1^{\alpha_1 - 1} x_2^{\alpha_2 - 1})^2 \{ (\alpha_1 - 1)(\alpha_2 - 1) - \alpha_1 \alpha_2 \} \geq 0$$

第2条件において $x_i>0$ かつ $\alpha_i>0$ を考慮すると，{ } 内が非負であれば条件を満たします．これは簡単に $1-\alpha_1-\alpha_2\geq0$ とでき，題意が示されます．なお問題では等号がついていませんが，これは関数 u が狭義の凹関数であることを示しています．

2. 多変数関数の極大・極小

　前節の考察を踏まえて，本節では多変数関数の極大・極小についてみていきます．

　$z=f[x,y]$ において，たとえば (x_1,y_1) で極大値を持つとします．これはこの近傍で z が最大値であることを意味します．別言すれば，たとえば x のみが Δx だけ変化した場合，

$$f[x_1+\Delta x,y_1]\leq f[x_1,y_1]$$

が成立しますから，$\Delta x\to0$ のときの極限を取れば，

$$\lim_{\Delta x\to0}\frac{f[x_1+\Delta x,y_1]-f[x_1,y_1]}{\Delta x}=\frac{\partial f[x_1,y_1]}{\partial x}=0 \tag{3-7a}$$

が成り立ちます．同じ論理を y についても使えば，

$$\frac{\partial f[x_1,y_1]}{\partial y}=0 \tag{3-7b}$$

が得られます．これらの条件は1階偏微分の符号に関するものなので，一括して**一階の条件**といいます．

　しかし一階の条件は極小値を持つ場合でも(3-7)式で与えられるので，一階の条件を満足する (x_1,y_1) の組合せが z の極大値に対応するのか極小値に対応するのかが分かりません．そこで(3-7)式を満たす (x_1,y_1) のもとで③式を $m=2$ まで表示します．

　$f[x_1+\Delta x,y_1+\Delta y]$

$$=f[x_1,y_1]+\frac{1}{2}(\Delta x\quad \Delta y)\begin{pmatrix}\dfrac{\partial^2 f[x_1,y_1]}{\partial x^2} & \dfrac{\partial^2 f[x_1,y_1]}{\partial y\partial x}\\[3mm]\dfrac{\partial^2 f[x_1,y_1]}{\partial x\partial y} & \dfrac{\partial^2 f[x_1,y_1]}{\partial y^2}\end{pmatrix}\begin{pmatrix}\Delta x\\\Delta y\end{pmatrix}$$

もし (x_1,y_1) のもとで z が極大値となるなら $f[x_1+\Delta x,y_1+\Delta y]-f[x_1,y_1]<0$ ですから，これは(3-6b)式で等号のない不等式に該当します．逆に極小値を

持つならば，(3-6a)式で等号のない不等式が成立します．これらは2階偏導関数をもとに得られる条件なので，**二階の条件**といいます．

まとめると，z が (x_1, y_1) のもとで極大値を持つとき，その近傍で z が凸関数ならば (x_1, y_1) は極小値に対応し，凹関数ならば極大値に対応するということです．

以上を踏まえて，例題をみていきましょう．

例題2

実数値関数 $f[x, y] = x^2 - xy - \dfrac{1}{4}y^2 + 8x - 2y$ について以下の設問に答えなさい．

① f の1階偏導関数を求めよ．

② f の停留点（極値を取る点の候補）を求めよ．

③ f の2階偏導関数を求めよ．

④ f の極値を調べよ．

〔H17年度　兵庫県立大学（改題）〕

---

①②　与式を x, y で偏微分します（①の答）．

$$\frac{\partial f[x, y]}{\partial x} = 2x - y + 8 \tag{3-8a}$$

$$\frac{\partial f[x, y]}{\partial y} = -x - \frac{1}{2}y - 2 \tag{3-8b}$$

(3-8)の2つの式をそれぞれゼロとおくと，x, y に関する連立方程式が得られます．よって求める停留点は，$(x, y) = (-3, 2)$ となります（②の答）．

③④　(3-8)式から2階偏導関数を求め（③の答），それをヘッセ行列としてまとめます．

$$\begin{pmatrix} \dfrac{\partial^2 f[x, y]}{\partial x^2} & \dfrac{\partial^2 f[x, y]}{\partial y \partial x} \\ \dfrac{\partial^2 f[x, y]}{\partial x \partial y} & \dfrac{\partial^2 f[x, y]}{\partial y^2} \end{pmatrix} = \begin{pmatrix} 2 & -1 \\ -1 & -1/2 \end{pmatrix}$$

そして求めたヘッセ行列から(3-6)式を計算します．

$$2>0, \quad \begin{vmatrix} 2 & -1 \\ -1 & -1/2 \end{vmatrix} = -2 < 0$$

この場合, (3-6a)式の第1条件は満たしますが第2条件は満たしません. そして(3-6b)式のいずれの条件も満たしません. よって与式の極値 $f[-3,2]=-14$ は極大値にも極小値にも対応しないことが分かります (④の答).

3. ラグランジェ乗数法

ここでも2変数関数 $z=f[x,y]$ における極大・極小を中心にみていきます. ですが厄介な問題が1つあります. z が (x_1, y_1) で極値を持つとして, このいずれかがマイナスをとるような状況は経済学的には馴染みません. 経済学の分析対象となる変数 x, y は需要量や供給量などを意味しますが, これがマイナスであるという結果は経済分析上意味を成さないからです. そこで $x, y > 0$ という非負制約が (暗黙的に) 課されます. でも, これを満たしさえすれば (消費者や生産者といった) 経済主体は自在に変数を制御できるわけではなく, ごく限られた範囲内でしか変数を選択できません. たとえば x, y の2種類の商品を購入しようとする主体にとって購入可能金額, すなわち支出可能な金額には間違いなく上限があるはずだからです. そこで以下では x, y の選択できる範囲を $g[x,y]=0$ と書き, 制約条件とよぶことにします.[6)]

一般に最適化問題とは, $g[x,y]=0$ を満足する (x,y) の中から $z=f[x,y]$ の値を極大ないしは極小にする (x,y) の組合せを計算する問題です. そしてこれは以下のように記述されます.

$$Maximize \; (Minimize) \quad f[x,y] \tag{3-9}$$

$$Subject \; to \quad g[x,y]=0 \tag{3-10}$$

ここで Subject to は「…の制約のもとで」を意味し, Maximize (Minimize) は(3-10)式を満足する x, y の組合せの中から $f[x,y]$ を極大 (ないしは極小) となるものを選ぶという, 計算の目的を表します. 以下計算の目的である $f[x,y]$ のことを目的関数とよぶことにします. 本節では, 経済学でも頻

---

6) 一般的には制約条件に不等号がついてもいいのですが, 後で示す一階の条件が複雑になってしまいます. ここでは触れませんが, 制約条件に不等号がついたケースでの一階の条件のことをクーン・タッカー条件といいます.

繁に利用される最適化問題に関する入試問題の解説を行っていきます．

3．1．予備的考察 〜陰関数の定理〜

f は x, y によって定まる実数値関数を念頭においていますが，g については x, y の満たす条件のみを明らかにするだけです．しかしここから $y = h[x]$ が得られるとすれば，

$$g[x, h[x]] = 0$$

は恒等的に成立します．このとき $y = h[x]$ のことを $g[x, y] = 0$ から定まる**陰関数**といいます．[7] ここでは陰関数をどう微分するかについてみていくことにします．

適当に x, y を選んで $g[x, y]$ の演算を行います．これは一般的にゼロになる必然はなく，たとえば z という値をとるとします．このとき x, y が同時に微小変化したとき，z の変化は (2-15) 式より，

$$dz = \frac{\partial g[x, y]}{\partial x} dx + \frac{\partial g[x, y]}{\partial y} dy$$

が成立します．ここで選んだ x, y が $g[x, y] = 0$ を満たし，かつ x, y が微小変化したあとでも $g[x + dx, y + dy] = 0$ を満足するなら $dz = 0$ であり，ここから $g[x, y] = 0$ を満たす x, y の近傍において，

$$\frac{dy}{dx} = -\frac{\partial g[x, y]/\partial x}{\partial g[x, y]/\partial y} \equiv h'[x] \tag{3-11}$$

が成立します．これを**陰関数の定理**といいます．

3．2．ラグランジェ関数の存在

以上のことを念頭において，(3-10) 式を制約条件とする (3-9) 式の極大・極小に対応する x, y を求める問題を考えてみましょう．

前項で述べた通り (3-10) 式から定まる陰関数が一般的に存在し，ここでも $y = h[x]$ と書くことにします．これを (3-9) 式に代入すれば，

7）　ただし $y = h[x]$ は一意に定まるわけではありません．たとえば円の方程式，
$$g[x, y] = x^2 + y^2 - r^2 = 0$$
を y について解いたもの $y = \pm\sqrt{r^2 - x^2}$ は，$y = h[x]$ が 2 つあることを示しています．

$$f[x, h[x]] \equiv v[x]$$

と 2 変数関数だった目的関数を 1 変数関数に変換でき，制約条件のない状態で関数 v の極値を求めればいいことになります．ここでたとえば関数 v において $(x, y) = (a, b) = (a, h[a])$ が停留点であるとします．ここで $x = a$ の近傍において③式より，

$$v[a+\Delta x] = v[a] + \frac{\partial f[a+\Delta x, h[a+\Delta x]]}{\partial x}\Delta x$$
$$+ \frac{\partial f[a+\Delta x, h[a+\Delta x]]}{\partial y}h'[a+\Delta x]\Delta x$$

が成立します．ここで $v[a]$ を移項して両辺を Δx で割ったもの，

$$\frac{v[a+\Delta x] - v[a]}{\Delta x}$$
$$= \frac{\partial f[a+\Delta x, h[a+\Delta x]]}{\partial x} + \frac{\partial f[a+\Delta x, h[a+\Delta x]]}{\partial y}h'[a+\Delta x]$$

を考えます．左辺において $\Delta x \to 0$ での極限をとるとき，(3-7)式を導出するときと同じ考え方から $\lim_{\Delta x \to 0} \dfrac{v[a+\Delta x] - v[a]}{\Delta x} = v'[a] = 0$ なので，$x = a$ において，

$$v'[a] = \frac{\partial f[a, h[a]]}{\partial x} + \frac{\partial f[a, h[a]]}{\partial y}h'[a] = 0$$

が成立します．$h'[x]$ を(3-11)式を使って書き換えれば，

$$\frac{\partial f[a, h[a]]}{\partial x} - \frac{\partial f[a, h[a]]/\partial y}{\partial g[a, h[a]]/\partial y} \frac{\partial g[a, h[a]]}{\partial x} = 0 \tag{3-12}$$

となります．ここで，

$$-\frac{\partial f[a, h[a]]/\partial y}{\partial g[a, h[a]]/\partial y} \equiv \lambda^0$$

と記号を新たに定義すれば，これと(3-12)式は，

$$\frac{\partial f[a, h[a]]}{\partial x} + \lambda^0 \frac{\partial g[a, h[a]]}{\partial x} = 0 \tag{3-13a}$$

$$\frac{\partial f[a, h[a]]}{\partial y} + \lambda^0 \frac{\partial g[a, h[a]]}{\partial y} = 0 \tag{3-13b}$$

と整理することができます．これが最適化問題における一階の条件となります．

これまで最適化問題において，制約条件を用いて目的関数にある変数を１つ消去する方法で一階の条件を導いてきました．しかしこの方法は，**ラグランジェ乗数 λ** という記号を新たに追加して定義される，

$$\Lambda[x, y, \lambda] \equiv f[x, y] + \lambda g[x, y] \tag{3-14}$$

の極大・極小を求める問題として考えることと同値であることが分かります．なぜなら，(3-14)式を x, y に関して偏微分すれば，

$$\frac{\partial f[x, y]}{\partial x} + \lambda \frac{\partial g[x, y]}{\partial x}$$

$$\frac{\partial f[x, y]}{\partial y} + \lambda \frac{\partial g[x, y]}{\partial y}$$

となり，停留点の組合せ $(a, h[a], \lambda^0)$ のもとで(3-14)式に一致するからです．つまり，最適化問題は目的関数にラグランジェ乗数と制約条件との積を加えた別の関数の極大・極小化問題に変換できるわけです．この(3-14)式のことを**ラグランジェ関数**とよびます．

3．3．ラグランジェ乗数法を使いこなす４つの step

例題 3

以下の制約付き最大化問題を考える．

$$Maximize \quad u = x^\alpha y^{1-\alpha}$$

$$Subject\ to \quad I = px + qy$$

ただし I, p, q は正の定数，α は１未満の正の定数である．以下の問に答えよ．

① 最適化の一階の条件を求めよ．

② 極値に対応する (x, y) の組合せを求めよ．

③ 極値を求めよ．

〔H14年度　兵庫県立大学（改題）〕

---

①② 前項の説明では極値を与える解の存在が前提されていましたが，ここではその解を計算しなければなりません．そこで以下の４つの step を踏んで

行きます.

【step1】ラグランジェ関数の定義:

(3-14)式に問題の目的関数および制約条件を代入します[8).

$$\Lambda[x, y, \lambda] \equiv x^{\alpha} y^{1-\alpha} + \lambda(I - px - qy) \tag{3-15}$$

【step2】一階の条件の計算:

(3-15)式を x, y, λ に関して偏微分し,その値をゼロとおきます.

$$\frac{\partial \Lambda[x, y, \lambda]}{\partial x} = \alpha x^{\alpha-1} y^{1-\alpha} - \lambda p = 0 \tag{3-16a}$$

$$\frac{\partial \Lambda[x, y, \lambda]}{\partial y} = (1-\alpha) x^{\alpha} y^{-\alpha} - \lambda q = 0 \tag{3-16b}$$

$$\frac{\partial \Lambda[x, y, \lambda]}{\partial \lambda} = I - px - qy = 0 \tag{3-16c}$$

(3-16)の 3 つの条件式が一まとめになってこの問題の一階の条件を構成します（①の答）.なお(3-16c)式は制約条件そのものなので,（厳密には計算する必要はありますが）以下では λ に関する一階の条件は明示しないことにします.

【step3】最適条件の導出:

(3-16)の a, b 式から λ を消去します.

$$\frac{\alpha x^{\alpha-1} y^{1-\alpha}}{p} = \frac{(1-\alpha) x^{\alpha} y^{-\alpha}}{q} \Rightarrow y = \frac{(1-\alpha) p}{\alpha q} x \tag{3-17}$$

これは(3-15)式が極大値をもつときの (x, y) が満たす関係を表し,これを**最適条件**といいます.

【step4】連立方程式を解く:

当然(3-17)式は制約条件を満足しなければなりませんから,(x, y) は(3-17)式と制約条件式を連立して求められます.いまこの組合せを (x^{*}, y^{*}) とすれば,

$$(x^{*}, y^{*}) = \left(\frac{\alpha I}{p}, \frac{(1-\alpha) I}{q} \right) \tag{3-18}$$

となります（②の答）.そして(3-18)式を(3-16)の a, b いずれかの式に代入す

---

8) (3-10)式を念頭におけば,$g[x, y] = 0$ は $px + qy - I = 0$ でも $I - px - qy = 0$ でも構わないはずです.しかし λ には経済学的な意味があり,それに対応させる意味で $g[x, y] = 0$ は後者としておきます.詳細は次の例題を参照してください.

れば，

$$\lambda^* = \left(\frac{\alpha}{p}\right)^\alpha \left(\frac{1-\alpha}{q}\right)^{1-\alpha}$$

とラグランジェ乗数も計算することができます．以上のプロセスで極値に対応する (x, y, λ) の組合せを計算する方法を**ラグランジェ乗数法**といいます．

③ x, y が(3-18)式のとき u は極大値を持つわけですから，これを目的関数に代入して，

$$u = (x^*)^\alpha (y^*)^{1-\alpha} = \left(\frac{\alpha}{p}\right)^\alpha \left(\frac{1-\alpha}{q}\right)^{1-\alpha} I \tag{3-19}$$

と計算できます．

例題 4

以下のような制約条件つき最大化問題が与えられたとする．

$$Maximize \quad f[x, y]$$

$$Subject \ to \quad g[x, y] = c$$

ここで関数 f, g は連続 2 階微分可能で，最適化の 2 階条件を満たすような関数とする．また最適解は一意に存在するとする．以下の問に答えよ．

① ラグランジェ乗数法を用いてこの問題を解くことにする．ラグランジェ乗数を λ とするときの最適化の一階条件を記述しなさい．

② この最適化問題の解を $x^* = x[c], y^* = y[c]$ とし，$F[c] = f[x^*, y^*]$ と定義する．このとき $dF[c]/dc = \lambda$ となることを示しなさい．

〔H15年度　兵庫県立大学〕

---

① 制約条件式の右辺がゼロではないですが，例題 3 の 4step 通りに進めます．

【step1】ラグランジェ関数の定義：

$$\Lambda[x, y, \lambda] \equiv f[x, y] + \lambda(c - g[x, y])$$

【step2】一階の条件の導出：

$$\frac{\partial \Lambda[x, y, \lambda]}{\partial x} = \frac{\partial f[x, y]}{\partial x} - \lambda \frac{\partial g[x, y]}{\partial x} = 0$$

$$\frac{\partial \Lambda[x, y, \lambda]}{\partial y} = \frac{\partial f[x, y]}{\partial y} - \lambda \frac{\partial g[x, y]}{\partial y} = 0$$

解答としてはここまでですが，次の解答に向けて準備をしておきます．

【step3】最適条件の導出：

$$\frac{\partial f[x,y]/\partial x}{\partial f[x,y]/\partial y} = \frac{\partial g[x,y]/\partial x}{\partial g[x,y]/\partial y} \tag{3-20}$$

② 例題3のように目的関数と制約条件が陽表的に与えられていませんので，この例題では停留点 (x^*, y^*, λ^*) の値を具体的に求めることはできません[9)]．しかし(3-20)式と制約条件を同時に満たす (x^*, y^*) は一般に存在し，しかもこれは制約条件にある c に依存するはずです．いまこれを問題文に即して $x[c]$，$y[c]$，そしてこれらを一階の条件に代入して得られるラグランジェ乗数を $\lambda[c]$ と書くことにします．

さて問題の意図は，求めた解を目的関数に代入した極大値 $f[x[c], y[c]]$ を制約条件にある c で微分した結果が λ に一致することを証明することです．ただこれを直接微分するのは得策ではありません．この場合，求めた解が制約条件を満足することを念頭において，

$$F[c] \equiv f[x^*, y^*] = f[x[c], y[c]] + \lambda[c](c - g[x[c], y[c]])$$

すなわち極大値におけるラグランジェ関数を c で微分することで解答に接近します．

$$F'[c] = \left(\frac{\partial f}{\partial x} - \lambda\frac{\partial g}{\partial x}\right)\frac{dx}{dc} + \left(\frac{\partial f}{\partial y} - \lambda\frac{\partial g}{\partial y}\right)\frac{dy}{dc}$$
$$+ \frac{d\lambda}{dc}(c - g[x[c], y[c]]) + \lambda$$

ここで右辺第1項および第2項の（ ）内は極値においては一階の条件に一致し，これらはゼロとなります．そして第3項は $x[c], y[c]$ が制約条件を満足するためゼロになります．ゆえに λ だけが残り，

$$F'[c] = \frac{df[x[c], y[c]]}{dc} = \lambda$$

---

9) 詳細な計算の展開は示しませんが，(3-20)式および制約条件を x, y, c で全微分して前章の比較静学分析を使えば，求められる解の性質を明らかにすることができます．

10) 経済学において c は存在する資源総量や所得などの意味が与えられます．この結果は，資源や所得を表す c の微小変化に対する極値の変化がラグランジェ乗数として表れることを示しています．そして直感的に考えると資源や所得の変化は x, y の利用可能性に影響すると考えられるので，その増加は極値を増加させるはずです．

が得られます[10].

例題5

　以下の最適化問題の一階条件を満たす (x_1, x_2, x_3) を求めなさい．

$$Maximize \quad x_1 x_2 + x_2 x_3 + x_3 x_1$$

$$Subject\ to \quad \begin{cases} x_1 + 2x_2 + 3x_3 = 3 \\ x_1 + x_2 = 1 \end{cases}$$

〔H15年度　兵庫県立大学〕

　制約条件が2つありますが，解答を導く手順はこれまでの例題と同じです．

【step1】ラグランジェ関数の定義：2つの制約条件にかけるラグランジェ乗数をそれぞれ λ, μ として，目的関数に加えます．

$$\Lambda[x_1, x_2, x_3, \lambda, \mu] = x_1 x_2 + x_2 x_3 + x_3 x_1 + \lambda(3 - x_1 - 2x_2 - 3x_3) + \mu(1 - x_1 - x_2)$$

【step2】一階の条件の導出：

$$\frac{\partial \Lambda}{\partial x_1} = 0 \Leftrightarrow x_2 + x_3 - \lambda - \mu = 0 \tag{3-21a}$$

$$\frac{\partial \Lambda}{\partial x_2} = 0 \Leftrightarrow x_1 + x_3 - 2\lambda - \mu = 0 \tag{3-21b}$$

$$\frac{\partial \Lambda}{\partial x_3} = 0 \Leftrightarrow x_1 + x_2 - 3\lambda = 0 \tag{3-21c}$$

【step3】【step4】最適条件および解の導出：

　(3-21c)式および $x_1 + x_2 = 1$ の制約条件より $\lambda = 1/3$ であり，これを(3-21)のa,b式に代入して μ を消去すると $x_1 - x_2 = 1/3$ が最適条件（の1つ）として得られます．これと $x_1 + x_2 = 1$ の制約条件を連立させると，$x_1^* = 2/3, x_2^* = 1/3$ が計算でき，これを残りの制約条件 $x_1 + 2x_2 + 3x_3 = 3$ に代入すれば $x_3^* = 5/9$ と計算できます[11].

その意味において，ラグランジェ乗数は非負の値と仮定されているのです．
　たとえば例題3における I はこの例題における c に該当します．そこで(3-19)式を I で微分すると，

$$\partial u / \partial I = (\alpha/p)^\alpha ((1-\alpha)/q)^{1-\alpha} = \lambda^*$$

であり，計算したラグランジェ乗数に一致します．
11)　ちなみにこのときの極値は7/9と計算できます．

61

3.4. ラグランジェ関数における二階の条件

　厳密に言えば，ラグランジェ乗数法においても極値の満たす二階の条件をチェックする必要があります．しかし経済分析ではあまり触れられることがありません．そこでここでは例題3の結果を使って，二階の条件をチェックしてみようと思います．

　(3-15)式は3変数関数ですが，基本的な考え方は第2節で解説したものが適応されます．そこで(3-16)式を x, y, λ について偏微分して，ヘッセ行列を定義します．なお表記の簡便上，ラグランジェ関数を2階偏微分したことを Λ_{ij} $(i, j = x, y, \lambda)$ と表します．

$$
\begin{pmatrix}
\Lambda_{\lambda\lambda} & \Lambda_{\lambda x} & \Lambda_{\lambda y} \\
\Lambda_{x\lambda} & \Lambda_{xx} & \Lambda_{xy} \\
\Lambda_{y\lambda} & \Lambda_{yx} & \Lambda_{yy}
\end{pmatrix}
$$

$$
= \begin{pmatrix}
0 & -p & -q \\
-p & -\alpha(1-\alpha)(x^*)^{\alpha-2}(y^*)^{1-\alpha} & \alpha(1-\alpha)(x^*)^{\alpha-1}(y^*)^{-\alpha} \\
-q & \alpha(1-\alpha)(x^*)^{\alpha-1}(y^*)^{-\alpha} & -\alpha(1-\alpha)(x^*)^{\alpha}(y^*)^{-\alpha-1}
\end{pmatrix}
$$

$$(3\text{-}22)$$

(3-22)式の第1行および第1列の各成分は，制約条件 $g[x, y] = I - px - qy = 0$ を1階偏微分したものです．そしてこれが行列 $\begin{pmatrix} \Lambda_{xx} & \Lambda_{xy} \\ \Lambda_{yx} & \Lambda_{yy} \end{pmatrix}$ を取り囲んでおり，(1-19)式と同じ構造を持っています．こうした行列のことを**縁つきヘッセ行列**といいます．これを使って(3-18)式が極大値に対応するための条件を(1-22)式を通じて確定します．

(i)　$-\begin{vmatrix} \Lambda_{\lambda\lambda} & \Lambda_{\lambda x} \\ \Lambda_{x\lambda} & \Lambda_{xx} \end{vmatrix} = p^2 > 0$

(ii)　$\begin{vmatrix} \Lambda_{\lambda\lambda} & \Lambda_{\lambda x} & \Lambda_{\lambda y} \\ \Lambda_{x\lambda} & \Lambda_{xx} & \Lambda_{xy} \\ \Lambda_{y\lambda} & \Lambda_{yx} & \Lambda_{yy} \end{vmatrix} = \alpha(1-\alpha)(x^*)^{\alpha}(y^*)^{1-\alpha}\left(\frac{p}{y^*} + \frac{q}{x^*}\right)^2 > 0$

以上の計算結果から，(3-19)式が極大値（実は最大値）に対応することが分かります．

　ところで行列 $\begin{pmatrix} \Lambda_{xx} & \Lambda_{xy} \\ \Lambda_{yx} & \Lambda_{yy} \end{pmatrix}$ の各成分は，問題の構造から目的関数の2階偏

導関数および交差偏微分で構成されています（＝ヘッセ行列）．そして例題3の目的関数は例題1の関数と同じ構造を持っています．そこで $\alpha_1 = \alpha, \alpha_2 = 1 - \alpha$ として例題1の計算結果をここに当てはめると，$\partial^2 u / \partial x^2 < 0, \partial^2 u / \partial y^2 < 0$ および $(\partial^2 u / \partial x^2)(\partial^2 u / \partial y^2) - (\partial^2 u / \partial x \partial y) = 0$ となり，例題3の目的関数は凹関数であることが分かります．つまり最適化問題の二階の条件は，目的関数の凹（凸）性が保証されれば満たされることが分かります．

練 習 問 題

問題1

関数 $f[x, y] = x^4 + y^4 - x^2 + 2xy - y^2$ の極値を調べよ．

〔H17年度　兵庫県立大学〕

問題2

与えられた等式制約条件のもとで次の目的関数を最小にする X, Y の値とそのときの目的関数の最小値を，ラグランジェ乗数法を用いて求めよ．

$$\text{目的関数}: f[X, Y] = X^2 + Y^2$$

$$\text{制約条件}: \begin{cases} X + 2Y = 4 \\ X \geq 0,\ Y \geq 0 \end{cases}$$

Hint：変数の非負制約を制約条件と考えずに，例題通りに解いてください．計算結果の中から非負制約を満足するものが答えになります．

〔H13年度　京都大学〕

問題3

制約条件 $x + 2y + 3z = 1$ のもとで，関数 $f[x, y, z] = xyz$ の極値を求めなさい．

〔H18年度　東北大学〕

問題4

次の制約条件つき最大化問題を考える．

$$Maximize \quad U = \alpha (x^\alpha + y^\alpha)$$

$$Subject\ to \quad p_x x + p_y y = I$$

ここで α は $\alpha \in (-\infty, 1), \alpha \neq 0$ を満たすパラメータ，p_x, p_y, I はそれぞれ正

の定数である.

① 最大化に対応する x, y の値を求めなさい.

② 二階の条件が満たされているかどうか調べなさい.

〔H17年度　京都大学（改題）〕

第❹章

消費者行動

　本章から本格的にミクロ経済学に関する入試問題を解説していきます．その最初として，入門書等でも早い段階で登場する消費者行動についてみて行きたいと思います．

　経済学において消費者は，消費活動を通じて実現される**効用**（その活動から得られる満足度）を極力大きくしようとする（以下**効用最大化行動**とよびます）主体であると考えています．その際，消費者の消費量（消費行動の結果）と効用との対応関係を表す**効用関数**と，（消費行動は支出活動と同値だから）支出額とその源泉（所得）との関係を表す**予算制約式**が仮定されます．つまり消費者行動に関する問題を解く第1歩としては，前章でみた最適化問題を解くことになります．

　このことを念頭において，いくつかの例題を見ていくことにしましょう．

1．需要関数の導出

例題1

　ある消費者は，所得 I 円を X 財と Y 財の2財にすべて消費すると考える．X 財と Y 財の購入量をそれぞれ x 単位，y 単位，そして X 財と Y 財の価格をそれぞれ P_X 円，P_Y 円とする．この消費者の2財から得られる効用 U は，次式で表されるとする．

$$U = axy \quad （a は正の定数）$$

次の問に答えなさい

① この消費者の予算制約式を示しなさい．

② ①のもとで，この消費者の効用が最大になる X 財と Y 財の購入

量を求めなさい.

〔H11年度　龍谷大学（抜粋）〕

①　X 財を価格 P_X 円で x 単位購入すればその支出額は $P_X x$ 円, Y 財を価格 P_Y 円で y 単位購入すればその支出額は $P_Y y$ 円とそれぞれなります. この消費者は所得のすべてを 2 財の購入に充てるという想定から, 所得と支出総額が一致すること, すなわち,

$$P_X x + P_Y y = I \qquad (4\text{-}1)$$

が予算制約として与えられます. 以下本書を通じて, 消費者の直面する最適化問題において 2 財の価格および所得は与えられているものとします.

②　(4-1)式と問題文の効用関数を踏まえると, ここでの最適化問題は,

$$Maximize \quad U = axy$$
$$Subject \ to \quad (4\text{-}1)$$

と記述することができます. 前章の解法を思い出すため, ここでは解答への 4 つの step を明示しながら解いていきます.

【step1】ラグランジェ関数の定義：

$$\Lambda[x, y, \lambda] \equiv axy + \lambda(I - P_X x - P_Y y)$$

【step2】一階の条件の導出：ラグランジェ関数を x, y, λ に関して偏微分したものをゼロとおきます.

$$\frac{\partial \Lambda[x, y, \lambda]}{\partial x} = 0 \Leftrightarrow ay - \lambda P_X = 0 \qquad (4\text{-}2a)$$

$$\frac{\partial \Lambda[x, y, \lambda]}{\partial y} = 0 \Leftrightarrow ax - \lambda P_Y = 0 \qquad (4\text{-}2b)$$

【step3】最適条件の導出：(4-2)式から λ を消去します.

$$\frac{y}{x} = \frac{P_X}{P_Y} \qquad (4\text{-}3)$$

(4-3)式左辺は 2 財から得られる**限界効用**の比率である**限界代替率**[1], 右辺は 2 財の価格比である**相対価格**を表しています. つまり効用が最大になっているも

---

1)　問題文にある効用関数を全微分します.
$$dU = (ay)\,dx + (ax)\,dy$$
　ここで $ay\,(ax)$ は効用関数を $x\,(y)$ について偏微分したもので, これが $x\,(y)$ 財の限界

とでは，限界代替率と相対価格が一致することが消費者行動における最適条件
となります．[2]

【step4】連立方程式を解く：(4-3)式を(4-1)式に代入して計算します．

$$(x^*, y^*) = \left(\frac{I}{2P_X}, \frac{I}{2P_Y} \right) \tag{4-4}$$

一般に，経済主体がある目的にしたがって財やサービスを欲することを需要と
よび，これを価格や所得の関数として導出したものが需要関数です．[3] 一般に，
消費者の効用最大化行動を通じて導出される需要関数を**マーシャル需要関数**と
いいます．

例題2

ある消費者の効用関数が，

$$u = xy + 2(x+y)$$

で表されているとする．ここで u は効用水準，x は X 財の需要量，y は
Y 財の需要量とする．X 財の価格を P_X，Y 財の価格 P_Y，所得を I と
する．このとき X 財および Y 財の需要関数を計算せよ．

〔H15年度　立命館大学（改題）〕

効用です．上式は2財消費量が同時に微小変化したときの効用の変化を表しますが，
ここでは効用の変化がない（すなわち $dU=0$）とします．すると(3-11)式から，

$$dy/dx|_{U-const.} = -y/x$$

という関係が成立します．このとき右辺の絶対値が限界代替率となります．

2）　ちなみに，(4-3)式を整理して両辺に a をかけた $ay/P_X = ax/P_Y$ のことを加重限界効
用均等の法則といいます．

3）　前章の例題1と比較すれば，この例題の効用関数は狭義の凹関数ではないことが分
かります．ですが，たとえば(4-1)式を y について解いたものを目的関数に代入した，

$$ax\{(I-P_Xx)/P_Y\} = -a(P_X/P_Y)(x-I/2P_X)^2 + aI^2/4P_XP_Y$$

は $x=I/2P_X$ のとき最大値 $aI^2/4P_XP_Y$ をもつ2次関数となります．また例題の効用関
数において $U=A$（A は正の定数）とおけば，

$$y = A/x$$

であり，これは右下がりの**無差別曲線**となります．つまり問題の効用関数は狭義の凹
関数ではないけども，予算制約を加味すれば必ず極大（最大）値が存在し，かつ入門
書どおりの無差別曲線が得られるという意味でもっとも単純であり（もちろん単純で
あるがゆえ，経済学的解釈が制約される場合もある），本書の例題でも頻出の関数です．

この例題の予算制約は(4-1)式がそのまま成立します。よってこの問題は，

$$Maximize \quad u = xy + 2(x + y)$$

$$Subject \ to \quad (4\text{-}1)$$

と定式化できます。消費者行動において問題の構造はほぼ同じであり，ゆえに解くプロセスも同じになります。そのため特に断りのない限り，以下では解くための4つのstepを明示せず解説していきます。ラグランジェ関数は，

$$\Lambda[x, y, \lambda] \equiv xy + 2(x + y) + \lambda(I - P_X x - P_Y y)$$

と定義でき，ここから一階の条件を計算します。

$$\frac{\partial \Lambda[x, y, \lambda]}{\partial x} = 0 \Leftrightarrow y + 2 - \lambda P_X = 0 \tag{4-5a}$$

$$\frac{\partial \Lambda[x, y, \lambda]}{\partial y} = 0 \Leftrightarrow x + 2 - \lambda P_Y = 0 \tag{4-5b}$$

そして(4-5)式から λ を消去して，最適条件式が $(y+2)/(x+2) = P_X/P_Y$ と導出されます。これと(4-1)式から需要関数の組合せは，

$$(x^*, y^*) = \left(\frac{I - 2(P_X - P_Y)}{2P_X}, \frac{I - 2(P_Y - P_X)}{2P_Y} \right) \tag{4-6}$$

と計算できます。

2. 需要関数の基本的性質

以上見てきたように，ラグランジェ乗数法を知っていれば消費者行動（需要関数）はほぼ機械的に正答を導くことができます。ここでは，各例題で計算した X 財需要関数を中心にその性質を見ることにしましょう。

(4-4)式をみれば微分するまでもなく，X 財需要は X 財価格 P_X の減少関数です。(4-6)式についても P_X で偏微分すれば，

$$\frac{\partial x^*}{\partial P_X} = -\frac{I + 2P_Y}{2P_X^2} < 0$$

だから，これも X 財価格の減少関数です。この結果自体は，中学校社会科の「公民」分野や高校公民科の「政治・経済」分野が教えるところと同じです。ですが，一般に財の需要量は当該財の価格のみではなく他の変数，ここでは所得 I や Y 財価格 P_Y にも依存します。

まず所得に注目すると，(4-4)式および(4-6)式とも X 財需要は所得の増加関

数です．これを**需要曲線**の動きとして表現す
ると図 4 - 1 のようになります．たとえば
（各財価格が一定のもとで）所得が上昇する
と需要曲線は右方向にシフトし，そのもとで
X 財需要量は確実に増大します．このよう
に，所得の増加（減少）に対応して需要量が
増大（減少）する財のことを**上級財**（あるい
は**正常財**）といいます[4]．（消費する財の具体
的な組合せや効用関数の性質で変わります
が）たいていの財は上級財であり，この結論
は直感に即していると思われます．

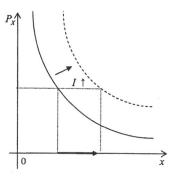

図 4 - 1　　所得変化の効果

　これに対して，Y 財価格が変化したときの X 財需要量に与える効果は(4-
4)式と(4-6)式では異なります．たとえば(4-4)式では X 財需要量は Y 財価
格に依存しませんから，この変化で X 財需要量が動くことはありません．Y
財需要量についても，X 財価格の変化で何ら影響を受けません．このように，
当該財の需要量が当該財価格以外の価格変化の影響を受けない財のことを**独立
財**といいます．ところが(4-6)式において X 財需要量は Y 財価格の増加関数
です．これが何を意味するのかといえば，Y 財価格の変化に対して各需要量
の変化する方向が逆向きになっているということです．これは図 4 - 2 によっ
ても確認できます（2 つの図の軸の取り方に注意！）．たとえばある需要の組
合せで消費しているもとで Y 財価格が上昇すると，Y 財需要量は需要曲線上
を動くことで減少するのが表現されます．他方 X 財需要量は需要曲線が右上
にシフトすることで，需要量の増大が表現されます．このように，ある財の価
格変化に対して各財需要量が逆方向に変化する財（ここでは X 財）のことを，
（Y 財の）**粗代替財**といいます[5]．この結論は，各財が似通った性質をもつ財の
組合せ（たとえばビールと日本酒など）のとき現れてくるものとイメージすれ

4）　他方，所得の増加（減少）に対応して需要量が減少（増大）する財のことを**下級財**
　　（あるいは**劣等財**）といいます．
5）　他方，ある財の価格変化に対して各財の需要量が同じ方向に変化する場合は相互に
　　粗補完財といい，各財をペアにして消費するケース（たとえば食パンとバターなど）
　　がこれに該当します．

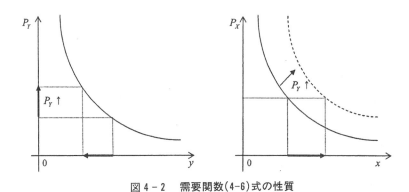

図 4 - 2　需要関数(4-6)式の性質

ばいいでしょう.

3．ロワの恒等式の意味

ところで需要関数の性質は，所得や価格の変化を通じて表現されるばかりで
はありません．次の例題をみてみましょう.

例題 3

　2 つの財（X 財と Y 財）の価格 P_X, P_Y と所得 $I\,(>0)$ が所与のもと
で，自己の効用 u が最大となるように 2 財の需要量 x, y を決定する消費
者を考える．効用関数が，

$$u = 2xy^{1/2}$$

であるとき，以下の問に答えよ.

① それぞれの財に対する需要関数を求めなさい．次に，所得と価格が
同時に t 倍（$t>0$）になったとき，それぞれの財の需要はどのように
変化するか，説明しなさい.

② 間接効用関数 $v = V[P_X, P_Y, I]$ を求めなさい.

③ 「間接効用関数の P_X に関する偏微分と I に関する偏微分の比，す
なわち $-(\partial V/\partial P_X)/(\partial V/\partial I)$ は，X 財に対する需要関数に等し
い」という命題を実際に確認し，この命題の経済学的意味を説明しな
さい.

① この問題でも予算制約が(4-1)式で定義できることから，

$$Maximize \quad u = 2xy^{1/2}$$

$$Subject \ to \quad (4\text{-}1)$$

と問題を定式化できます．ラグランジェ関数は，

$$\Lambda[x, y, \lambda] \equiv 2xy^{1/2} + \lambda(I - P_X x - P_Y y)$$

と定義でき，一階の条件を通じて $2y/x = P_X/P_Y$ という最適条件式が得られます．これと(4-1)式から需要関数の組合せは，

$$(x^*, y^*) = \left(\frac{2I}{3P_X}, \frac{I}{3P_Y} \right) \tag{4-7}$$

と計算することができます．

次に問題文にあるように，所得とすべての価格が同時に t 倍されたときの(4-7)式の変化を確認します．ところが容易に分かるように，

$$\left(\frac{2(tI)}{3(tP_X)}, \frac{(tI)}{3(tP_Y)} \right) = \left(\frac{2I}{3P_X}, \frac{I}{3P_Y} \right)$$

であり，各財需要量は変化しません．このことから，需要関数は**ゼロ次同次関数**であることが分かります．なぜなら，たとえば所得が10%増大したとして同時にすべての価格が10%値上がりしたら，所得のすべてをある財の購入に充てると最大どれくらい購入できるかを示す**購買力**は，所得や価格の変化前と変わらないからです．

② 最適化問題を通じて各変数が(4-7)式で決定されるときの効用を**間接効用関数**とよびます．具体的には(4-7)式を目的関数に代入した，

$$u = \frac{4}{P_X} \left(\frac{I^3}{27P_Y} \right)^{1/2} \equiv V[P_X, P_Y, I] \tag{4-8}$$

になり，これが求める答えになります．各財需要量が所得および価格に依存することは間接効用関数もこれらに依存することが分かります[6]．

③ 実際に確認してみましょう．(4-8)式を P_X, I でそれぞれ偏微分します[7]．

---

6) 需要関数がゼロ次同次関数であることから，間接効用関数も価格と所得のゼロ次同次関数であることが分かります．

7) (4-7)式の y^* をこの例題の x に関する一階条件式 $2y^{1/2} - \lambda P_X = 0$ に代入すると，

$$\frac{\partial V}{\partial P_X} = -\frac{4}{P_X^2}\left(\frac{I^3}{27P_Y}\right)^{1/2}$$

$$\frac{\partial V}{\partial I} = \frac{6}{P_X}\left(\frac{I^3}{27P_Y}\right)^{1/2}I^{-1}$$

この結果を問題文に当てはめると，

$$-\frac{\partial V/\partial P_X}{\partial V/\partial I} = \frac{(4/P_X^2)\,(I^3/27P_Y)^{1/2}}{(6/P_X)\,(I^3/27P_Y)^{1/2}I^{-1}} = \frac{2I}{3P_X} = x^*$$

となり，確かに主張されている命題が正しいことが確認できます．この命題を**ロワの恒等式**といいます．

　さて最後の設問に答えるためには，$-(\partial V/\partial P_X)/(\partial V/\partial I)$ が経済学的に どんな意味を持つのかをはっきりさせなければなりません[8]．それを探るために， ①で示した目的関数と制約条件を入れ替えた消費者の**支出最小化問題**[9]について 考えてみようと思います．これは次のように定式化できます．

$$Minimize \qquad (4\text{-}1)$$

$$Subject\ to \quad 2xy^{1/2} = a$$

消費活動の結果得られる効用が a という一定水準を満たすもとで，支出額を いかに最小にすればいいか？上の定式化はそのことを示しています．この場合 ラグランジェ関数は，

$$\Lambda[x,y,\lambda] \equiv P_X x + P_Y y + \lambda\,(a - 2xy^{1/2})$$

と定義できます．ここから一階の条件，

$$\frac{\partial\Lambda[x,y,\lambda]}{\partial x} = 0 \Leftrightarrow P_X - \lambda\cdot 2y^{1/2} = 0 \qquad (4\text{-}9\text{a})$$

$$\lambda^* = (6/P_X)\,(I^3/27P_Y)^{1/2}I^{-1} = \partial V/\partial I$$

となり，これは前章例題 4 の②の結果に一致します．$\partial V/\partial I$ は所得が微小変化したと きの（間接）効用の変化を表しており，それが λ^* に一致することから，ラグランジェ 乗数を**所得の限界効用**といいます．

8）　以下の説明では，
　　山崎昭〔1988〕「需要理論における古典的双対問題」『一橋論叢』第100巻第 3 号 367-394ページ
　　が参考になりました．

9）　効用最大化を消費者の**主問題**とすれば，以下で考える支出最小化を**双対問題**といい ます．

$$\frac{\partial \Lambda[x, y, \lambda]}{\partial y} = 0 \Leftrightarrow P_Y - \lambda \cdot xy^{-1/2} = 0 \tag{4-9b}$$

$$\frac{\partial \Lambda[x, y, \lambda]}{\partial \lambda} = 0 \Leftrightarrow a - 2xy^{1/2} = 0 \tag{4-9c}$$

が得られます。ここで(4-9)のa, b式を使えば，支出額が最小となるもとでの最適条件式は$2y/x = P_X/P_Y$で与えられ，①で計算したものと同じになります．つまり同じ効用関数，同じ所得・支出均等式のもとで，消費者の効用最大化行動と支出最小化行動では最適条件が同じであることを表しています．

最適条件式をこのケースの制約条件(4-9c)式に代入することで需要関数の組合せは，

$$(x^0, y^0) = \left(\left(\frac{a^2 P_Y}{2P_X} \right)^{1/3}, \left(\frac{aP_X}{4P_Y} \right)^{2/3} \right) \tag{4-10}$$

と計算できます．(4-7)式と区別する意味で，支出最小化を通じて導出される需要関数(4-10)式を**補償需要関数**といい，マーシャル需要関数(4-7)式と区別します．そして(4-10)式をここでの目的関数(4-1)式に代入すると，

$$I = 3 \left\{ P_Y \left(\frac{aP_X}{4} \right)^2 \right\}^{1/3} \equiv E[P_X, P_Y, a] \tag{4-11}$$

が得られます．これは2財を(4-10)式に制御したもとで実現する最小支出額[10]であり，2財の価格および一定とおいた効用に依存します．これが**支出関数**となります．

最後に(4-11)式を(4-8)式に代入すると，

$$V = \frac{4}{P_X} \left(\frac{1}{27P_Y} \cdot 27P_Y \left(\frac{aP_X}{4} \right)^2 \right)^{1/2} = a$$

が得られます．これが何を意味するのかといえば，効用最大化問題の制約条件にある所得が支出最小化問題で導出される最低支出額に等しいならば，間接効用関数は支出最小化問題の制約条件にある一定の効用水準に等しくなるということです．この関係は価格変化の影響を受けませんから，(4-11)式を考慮して(4-8)式を（合成関数の微分公式を使って）P_Xで偏微分すれば，

---

10) 厳密な計算は示しませんが，(4-9)式から縁つきヘッセ行列を作り(1-20)式の条件式を計算することで，(4-10)式が極小(最小)値に対応することを確認できます．

$$\frac{\partial V}{\partial P_X} + \frac{\partial V}{\partial I}\frac{\partial E}{\partial P_X} = 0$$

が成立し（もちろん Y 財価格に関しても成立），ここから，

$$-\frac{\partial V/\partial P_X}{\partial V/\partial I} = \frac{\partial E}{\partial P_X} \qquad (4\text{-}12)$$

が得られます．ここで(4-12)式右辺は X 財価格の微小変化に対する最小支出額の変化を表しており，これを<u>限界支出</u>とよぶ場合があります．つまり $-(\partial V/\partial P_X)/(\partial V/\partial I)$ の経済学的意味とは価格変化に対する限界支出を表しており，ロワの恒等式とは，限界支出がマーシャル需要関数に等しくなることを示しているのです．

　ところで(4-11)式を P_X で偏微分すると，

$$\frac{\partial E}{\partial P_X} = \left(\frac{a^2 P_Y}{2 P_X}\right)^{1/3} = x^0$$

であり，X 財の補償需要関数に一致します．この関係を**シェパードの補題**といいます．ところが補償需要関数に $V = a$ として(4-8)式を代入すると，

$$\left(\frac{8 P_Y}{P_X^3}\cdot\frac{I^3}{27 P_Y}\right)^{1/3} = \frac{2I}{3 P_X} = x^* \qquad (4\text{-}13)$$

となり，X 財のマーシャル需要関数に一致します．たいていの教科書ではシェパードの補題とロワの恒等式は別物として解説していますが，(4-12)式を踏まえると，実は両者が同じことを主張していることが分かります．

4．スルツキー方程式の導出

　ここまでくると，スルツキー方程式が簡単に導出できます．(4-13)式とは逆に X 財のマーシャル需要関数に(4-11)式を代入すれば，

$$\frac{2}{3 P_X}\cdot 3\left\{P_Y\left(\frac{a P_X}{4}\right)^2\right\}^{1/3} = \left(\frac{a^2 P_Y}{2 P_X}\right)^{1/3} = x^0 \qquad (4\text{-}14)$$

となり，X 財の補償需要関数に一致します．

　さて $x^* \to x^0$ への変換を一般形で，

$$x^*[P_X, P_Y, E[P_X, P_Y, a]] = x^0[P_X, P_Y, a]$$

としておきます．この関係式の両辺を合成関数の微分公式を利用して P_X で偏微分すると，

$$\frac{\partial x^*}{\partial P_X} + \frac{\partial x^*}{\partial I}\frac{\partial E}{\partial P_X} = \frac{\partial x^0}{\partial P_X}$$

となります．ここで先ほど示したシェパードの補題を利用すると，

$$\frac{\partial x^*}{\partial P_X} = \frac{\partial x^0}{\partial P_X} - x^0\frac{\partial x^*}{\partial I} \tag{4-15}$$

となり，これが X 財に関する**スルツキー方程式**になります．[11] (4-15)式右辺第 1 項は X 財価格の微小変化に対する X 財補償需要の変化を表しています．補償需要は効用一定とした支出最小化問題から導出されたものですから，この変化で効用水準は変化しません．よってこの部分は効用が一定となるように相対的に安くなった財への需要シフトを表し，**代替効果**とよびます．他方で価格変化は支出額を変化させますが，これを所得の観点からいうと購買力を変化させることと同値です．つまり(4-15)式右辺第 2 項は購買力の変化による需要規模の変化を表し，**所得効果**といいます．

5．労働供給の決定

これまでの例題でみてきた各財は，その種類や品質などを特定しませんでした．ということは，前節で見た需要関数の基本的性質はその財の品質などに関係なく一貫して成立するものだということです．このことを念頭において，消費者の制御する財の種類が特定されている例題をみていくことにしましょう．

例題 4

消費者の消費 (C) と余暇 (l) に関する効用関数を，

$$U = Cl^2$$

とする．財価格を p，時間当たり賃金率を w，労働外所得を M，消費者の使用可能時間を24時間としたとき，この消費者の需要関数および労働供

---

11)　ついでですから，この例題の需要関数を用いて X 財に関するスルツキー方程式が成立することを確認しましょう．

$$\partial x^*/\partial P_X = -(1/3P_X)(a^2P_Y/2P_X)^{1/3} - (a^2P_Y/2P_X)^{1/3}(2/3P_X) = -x^0/P_X$$

最右辺の結果は(4-13)式の考え方を使って，

$$\partial x^*/\partial P_X = -2I/3P_X^2$$

となり，(4-7)式を直接偏微分した結果に一致します．

給関数を求めよ.

〔H17年度　滋賀大学〕

　まず制約条件を確定しましょう. ここで言う余暇とは働かないあらゆる時間
（睡眠は言うに及ばず, 食事や入浴・トイレに要する時間も含む）に該当しま
す. 言い換えると $24-l$ が厳密な労働時間に当たります. よって $w(24-l)$ の
労働所得と労働外所得の合計で総所得が定義され, そのすべてが消費される状
況が想定されています. よって予算条件は,

$$w(24-l)+M=pC \tag{4-16}$$

で与えられ, 最適化問題は,

$$Maximize \quad U=Cl^2$$
$$Subject \ to \quad (4\text{-}16)$$

と記述されます. ラグランジェ関数は,

$$\Lambda[C,l,\lambda]=Cl^2+\lambda\{M+w(24-l)-pC\}$$

で定義され, 一階の条件を通じて最適条件式は,

$$\frac{2C}{l}=\frac{w}{p} \tag{4-17}$$

となります. よって(4-17)式と(4-16)式を連立して, 消費と余暇の組合せは,

$$(C^*,l^*)=\left(\frac{M+24w}{3p},\frac{2(M+24w)}{3w}\right) \tag{4-18}$$

と計算できます. そして(4-18)式で制御される最適な余暇時間を労働可能時間
から控除したもの,

$$24-l^*=\frac{2(12w-M)}{3w} \tag{4-19}$$

が労働時間に当たり, これを**労働供給関数**といいます. これをみると労働供給
は労働外所得の減少関数, つまり働かなくても手に入る所得が大きいほど, こ
の消費者の働く意欲は削がれることが分かります. また,

$$\frac{\partial(24-l^*)}{\partial w}=\frac{2M}{3w^2}>0$$

より, 労働供給関数が賃金率の増加関数, つまり働くことで受け取る報酬単価
（つまり賃金率）が高いほどこの消費者の働く意欲が増すことが分かります.

練習問題

問題 1

x, y を各財の消費量とする．ある消費者の効用関数が，

$$u = \sqrt{xy}$$

で与えられている．所得140，x 財の価格 5 ，y 財の価格10のとき，効用を最大にする各財の消費量はいくらか．

〔H17年度　立命館大学（改題）〕

問題 2

2 財を消費するある消費者の効用関数が，

$$u = x_1^{1/3} x_2^{2/3}$$

（u：効用水準，x_1：第 1 財の消費量，x_2：第 2 財の消費量）で示されているとする．また，第 1 財と第 2 財の価格および所得を p_1, p_2, m（それぞれ一定）とする．

① 予算制約式を求めよ．

② 効用最大化条件を式で表せ．

③ 第 1 財と第 2 財の需要関数を求めよ．

④ 間接効用関数を求めよ．

⑤ 所得に占める第 1 財の購入金額 $p_1 x_1 / m$ を求めよ．

〔H15年度　新潟大学（抜粋）〕

問題 3

2 財 x, y を消費する消費者の間接効用関数が，x 財の価格を p_x，y 財の価格を p_y，所得を m とすると，

$$V[p_x, p_y, m] = \frac{m^2}{4 p_x p_y}$$

であるとする．この消費者の x 財に対する需要関数を以下のうちから選べ．

(1) $x = \dfrac{m}{2 p_x}$　　(2) $x = \dfrac{m}{p_x} - 4 p_x$　　(3) $x = \dfrac{m^2}{4 p_x^2 p_y}$　　(4) $x = \dfrac{2m}{4 p_x p_y}$

〔H14年度　一橋大学〕

問題 4

　ある消費者の効用関数が，

$$U = 50L + LY - L^2$$

で与えられている．ここで Y は所得，L は余暇である．また T を利用可能時間，W を労働時間とし，$T = L + W$ を満たすとする．さらに賃金率を p とし，予算制約式は $Y = pW$ で表されるものとする．以下の問に答えよ．

　① 労働供給関数を求めよ．

　② 労働供給の賃金弾力性を求めよ．

　③ $p \to \infty$ のときに選択される労働時間を求めよ．

〔H17年度　名古屋大学〕

Hint：弾力性の定義については，第 2 章例題 8 の②を参照してください．

問題 5

　ある消費者の x 財と y 財に関する効用関数を以下のように定義する．

$$U = (x + y)^2$$

ここで x, y はそれぞれ x 財と y 財の消費量を表している．

　① 上記の効用関数が表す選好順序において，x 財と y 財に関する代替，補完関係として適当なものを，以下の 3 つの中から選んで記号で答えなさい．

　　(a) 完全補完　　(b) 完全代替　　(c) 完全補完と完全代替の中間

　② この消費者の初期所得を10とし，x 財と y 財の価格をそれぞれ $2, 1$ とするとき，各財の需要量 (x^*, y^*) を求めなさい．

〔H19年度　東北大学〕

第 **5** 章

生産者行動

　本章では生産者行動についてみていきます.

　生産者は原材料を機械設備や従業員(以下**生産要素**)などが集積した工場に投入して財・サービスを生産し, それをさまざまなルートを介して販売する主体です. 生産者が生産・販売活動に携わる目的は, (いくらイメージアップ戦略をとろうとも)それによって最大限儲けようとする(きわめて)シンプルな動機に支えられています. 経済学では生産・販売活動を通じて実現する儲けを利潤とよび, 以下の式によって定義します.

利潤≡売上(=生産物価格×生産量)－諸費用

　ところで生産者行動を見る上で起点になることは, より少ない原材料でいかに多くの財を生産できるのか, 言い換えると, 工場などに集積している設備や労働力の技術的結合の有様をどのように考えるかです. その際に前提されるのが**生産関数**で, これが生産者行動を分析する際の根源的制約を与える役割を持ちます.

　それともう1つ, 本章でみる生産者は完全競争市場に財を提供する主体だという前提をおいています. 完全競争市場の詳細は次章で見ていきますが, 各生産者レベルでいえば, 生産物およびすべての生産要素価格が与えられたものとして利潤最大化行動を通じて生産量(すなわち**供給**)を決定するということです.

1. 生産関数を用いた供給関数の導出

例題1

　完全競争に直面しているある企業の生産関数が,

$$y = 2L^{1/4}K^{1/2}$$

（y：生産量，L：労働，K：資本）であるとする．生産物価格を p，賃金率を w，資本賃貸率を r とするとき，以下の問に答えよ．

① 利潤の式を書き出し，労働と資本のそれぞれの利潤最大化条件式を示せ．

② 労働と資本それぞれの要素需要関数を求めよ．

③ 供給関数を求めよ．

④ 労働と資本のそれぞれの需要関数と供給関数が，価格 (p, w, r) の比例的な変化から独立である（ゼロ次同次性を満たす）ことを示せ．

〔H16年度　新潟大学〕

① この生産者が財を生産・販売することで実現する売上は py，それを実現するために投入される費用は労働者に対して支払われる給与 wL，および資本設備を使用する際に支払う賃貸料 rK の合計です（以下では，費用の合計を C とします）．特に断りのない限り，本書において生産者の目的である利潤を π とおくと，この問題を正確に定式化すると，

$$Maximize \quad \pi = py - wL - rK$$
$$Subject \ to \quad y = 2L^{1/4}K^{1/2}$$

となります．ですがこれは生産関数を目的関数に代入した，

$$Maximize \quad \pi = p(2L^{1/4}K^{1/2}) - wL - rK \tag{5-1}$$

の最大化問題として解くと簡単です．そこで，**利潤関数**(5-1)式から一階の条件を求めます．

$$\frac{\partial \pi}{\partial L} = 0 \Leftrightarrow \frac{1}{2}L^{-3/4}K^{1/2} = \frac{w}{p} \tag{5-2a}$$

$$\frac{\partial \pi}{\partial K} = 0 \Leftrightarrow L^{1/4}K^{-1/2} = \frac{r}{p} \tag{5-2b}$$

(5-2a)式において，$(1/2)L^{-3/4}K^{1/2}$ は生産関数を L で偏微分したもので**労働の限界生産力**，w/p は**実質賃金率**をそれぞれ表しています．他方(5-2b)式において $L^{1/4}K^{-1/2}$ は生産関数を K で偏微分したもので**資本の限界生産力**，r/p は**実質資本賃貸率**をそれぞれ表します．一般に，利潤が最大になっているもと

で生産要素の限界生産力とその実質要素価格（生産要素価格を生産物価格で割ったもの）が等しくなければならない，これが利潤最大化条件となります．

この条件は別表現もあります．(5-2)式から p を消去して整理すると，

$$\frac{K}{2L} = \frac{w}{r} \tag{5-3}$$

が得られます．ここで(5-3)式左辺は，一定の生産量のもとで満たすべき資本と労働の関係を表す**技術的限界代替率**[1]，右辺は 2 つの生産要素価格の比率，つまり**要素価格比**をそれぞれ表しています．つまり利潤最大化条件を言い換えると，技術的限界代替率と要素価格比が等しくなるはずだということを(5-3)式は示しています（第 2 章例題 8 の②も参照）．

②③ 利潤最大化行動を通じて生産者が欲する生産要素のことを**要素需要**といい，答えとしては(5-2)の a, b いずれかの式と(5-3)式から，

$$(L^*, K^*) = \left(\frac{p^4}{4w^2r^2}, \frac{p^4}{2wr^3} \right) \tag{5-4}$$

と計算できます（②の答）．各要素需要が生産物価格と生産要素価格の関数になっており，これを**要素需要関数**といいます．そして(5-4)式を問題の生産関数に代入すれば，

$$y^* = \frac{p^3}{wr^2} \tag{5-5}$$

と計算でき，これが生産物価格の増加関数として導出された**供給関数**です（③の答）．

なお(5-5)式は生産要素価格の減少関数になっていることも分かります．その理由は，生産要素価格の上昇が 2 つの生産要素に対する需要を減少させ，それが生産縮小に直接影響してしまうからです．この様

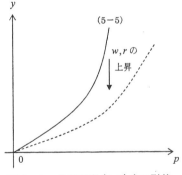

図 5-1　供給関数(5-5)式の形状

---

1)　問題文にある生産関数を全微分します．

$$dy = \{(1/2) L^{-3/4} K^{1/2}\} dL + (L^{1/4} K^{-1/2}) dK$$

前章の効用関数と同様，上式で生産量に変化がない（すなわち $dy=0$）状況を考えます．すると，

$$dK/dL |_{y=const.} = -((1/2) L^{-3/4} K^{1/2})/(L^{1/4} K^{-1/2}) = -K/2L$$

が得られます．このとき右辺の絶対値が技術的限界代替率となります．

子は図 5‐1 における供給関数の下へのシフトとして表現することができます.

④　前章の例題 3 にしたがって確認しましょう.

$$\left(\frac{(tp)^4}{4(tw)^2(tr)^2}, \frac{(tp)^4}{2(tw)(tr)^3}, \frac{(tp)^3}{(tw)(tr)^2} \right)$$
$$= \left(\frac{p^4}{4w^2r^2}, \frac{p^4}{2wr^3}, \frac{p^3}{wr^2} \right) = (L^*, K^*, y^*)$$

以上の計算から, 要素需要および供給関数は p, w, r のゼロ次同次関数であることが示されました.

2. 生産関数から費用関数への変換

例題 2

次の生産関数をもつ企業があるとしよう.

$$y = x_1^{\alpha} x_2^{\beta} \quad (\alpha > 0, \beta > 0)$$

ただし y は生産量, x_1, x_2 は生産要素の投入量を表す.

①　生産要素 x_1, x_2 の価格をそれぞれ w_1, w_2 と表し, この企業の費用関数を導出しなさい.

②　この企業が完全競争市場に参加する企業であるとして, 利潤最大化によって最適な生産量が決まるために α, β が満たすべき条件を示しなさい.

③　供給関数を求めなさい. ただし, 生産物の販売価格を p としなさい.

〔H16年度　神戸大学〕

---

①　生産関数を用いた生産者の利潤最大化行動を分析する際, 例題 1 のように利潤関数から直接分析する以外に, 以下の 2 つの方法があります.

---

2)　(5-4)および(5-5)式を(5-1)式に代入して最大利潤が,
$$\pi^* = p^4/4wr^2$$
と計算できます. そして上式において p, w, r が同時に t 倍されると,
$$(tp)^4/4(tw)(tr)^2 = tp^4/4wr^2 = t\pi^*$$
となり, 利潤も t 倍されます. すなわち最大利潤は p, w, r の 1 次同次関数となります.

・一定の費用のもとで売上（すなわち生産量）を最大にする：生産量最大化
・一定の生産量（すなわち売上）のもとで費用を最小にする：**費用最小化**

いずれの方法でも利潤最大化につながるのですが，その表現は，以前から扱っている最適化問題と同じです．つまりこの問題はラグランジェ乗数法で解くのがベストです．ここでは第2の方法で答えを出すことにします．前章例題3の③にしたがって，

$$Minimize \quad w_1 x_1 + w_2 x_2$$

$$Subject \ to \quad x_1^\alpha x_2^\beta = \bar{y}$$

と問題を定式化します．ここで $\bar{y}$ は一定の生産量を表します．ラグランジェ関数を，

$$\Lambda[x_1, x_2, \lambda] = w_1 x_1 + w_2 x_2 + \lambda(\bar{y} - x_1^\alpha x_2^\beta)$$

とおき，念のため一階の条件を導出します．

$$\frac{\partial \Lambda[x_1, x_2, \lambda]}{\partial x_1} = 0 \Leftrightarrow w_1 - \lambda \alpha x_1^{\alpha-1} x_2^\beta = 0 \tag{5-6a}$$

$$\frac{\partial \Lambda[x_1, x_2, \lambda]}{\partial x_2} = 0 \Leftrightarrow w_2 - \lambda \beta x_1^\alpha x_2^{\beta-1} = 0 \tag{5-6b}$$

$$\frac{\partial \Lambda[x_1, x_2, \lambda]}{\partial \lambda} = 0 \Leftrightarrow \bar{y} - x_1^\alpha x_2^\beta = 0 \tag{5-6c}$$

次に(5-6)の a, b 式から λ を消去した上で整理すると，最適条件，

$$\frac{\alpha x_2}{\beta x_1} = \frac{w_1}{w_2}$$

が得られます．左辺は問題の生産関数から得られる技術的限界代替率，右辺は要素価格比であり，(5-3)式と同じ条件を導くことができます[3]．これと(5-6c)式から要素需要関数の組合せは，

$$(x_1^0, x_2^0) = \left(\left(\frac{\beta w_1}{\alpha w_2} \right)^{-\beta/(\alpha+\beta)} \bar{y}^{1/(\alpha+\beta)}, \ \left(\frac{\beta w_1}{\alpha w_2} \right)^{\alpha/(\alpha+\beta)} \bar{y}^{1/(\alpha+\beta)} \right)$$

と計算でき，これを目的関数に代入して，求める答えは，

$$C = (\alpha + \beta) \left\{ \left(\frac{w_1}{\alpha} \right)^\alpha \left(\frac{w_2}{\beta} \right)^\beta \right\}^{1/(\alpha+\beta)} \bar{y}^{1/(\alpha+\beta)} \tag{5-7}$$

---

3) つまり生産者の費用最小化行動を通じた利潤最大化と例題1のような利潤最大化行動において，最大値で満たすべき生産要素の関係が同じであることを表しています．

と計算できます。[4]

②　(5-7)式は，w_i $(i=1,2)$ が一定のもとで任意の $\bar{y}$ に対応して導出される最小費用を表しています。これは2つの生産要素を同時に制御することを通じて得られたもので，**長期費用関数**といいます。これを使ってこの問題を解いていきます。

ここでの利潤関数は生産量のみの関数として，

$$Maximize \quad \pi[y] = py - (\alpha+\beta)\left\{\left(\frac{w_1}{\alpha}\right)^{\alpha}\left(\frac{w_2}{\beta}\right)^{\beta}\right\}^{1/(\alpha+\beta)} y^{1/(\alpha+\beta)}$$

で与えられます。そして一階の条件は次式で与えられます。

$$\pi'[y] = 0 \Leftrightarrow p - \left\{\left(\frac{w_1}{\alpha}\right)^{\alpha}\left(\frac{w_2}{\beta}\right)^{\beta}\right\}^{1/(\alpha+\beta)} y^{\{1/(\alpha+\beta)\}-1} = 0 \qquad (5\text{-}8)$$

この式から供給関数が導出されますがそれは③に譲って，ここでは問題の意図にしたがって供給関数の存在条件を確定します。容易に分かるように(5-8)式を満たすには y にかかる指数がゼロであってはならず，$\alpha+\beta \neq 1$ という条件が得られます。でも条件はこれだけではありません。(5-8)式から計算される供給関数が最大利潤に対応しなければならず，これは利潤関数が二階の条件（第3章参照）を満たすことを意味します。これは，

$$\pi''[y] < 0 \Leftrightarrow -\left(\frac{1}{\alpha+\beta}-1\right)\left(\frac{w_1}{\alpha}\right)^{\alpha/(\alpha+\beta)}\left(\frac{w_2}{\beta}\right)^{\beta/(\alpha+\beta)} y^{\{1/(\alpha+\beta)\}-2} < 0$$
$$\Leftrightarrow \alpha+\beta < 1$$

によって与えられ，さらに問題文を考慮すると最終的に α, β が満たすべき条件は，

$$0 < \alpha+\beta < 1 \qquad (5\text{-}9)$$

と確定するわけです。

③　α, β が(5-9)式を満足するとき，(5-8)式から供給関数は，

$$y^* = \left\{\left(\frac{\alpha}{w_1}\right)^{\alpha}\left(\frac{\beta}{w_2}\right)^{\beta}\right\}^{1/(1-\alpha-\beta)} p^{(\alpha+\beta)/(1-\alpha-\beta)}$$

と計算できます。[5] これも(5-5)式と同様の性質を持つことが分かります。

4）　(5-7)式を各生産要素価格で偏微分すると，
$(\partial C/\partial w_1, \partial C/\partial w_2) = (\{(\beta w_1/\alpha w_2)^{-\beta}\bar{y}\}^{1/(\alpha+\beta)}, \{(\beta w_1/\alpha w_2)^{\alpha}\bar{y}\}^{1/(\alpha+\beta)}) = (x_1^0, x_2^0)$
となり，要素需要関数に一致します。これもシェパードの補題といいます。

例題 3

完全競争企業の生産関数が，

$$y = K^{1/3} L^{2/3}$$

で表されるとする．ここで y は生産量，K は資本投入量，L は労働投入量である．生産物価格を p，資本価格を r，労働価格を w とする．以下の問に答えなさい．

① 資本投入量を所与としたときの短期費用関数を求めなさい．

② すべての投入要素を選択可能とした長期費用関数を求めなさい．

③ 設定されている生産関数のもとでは，長期費用関数の限界費用が生産量に対して一定となることを示しなさい．

④ 短期費用関数と長期費用関数の関係について説明しなさい．

〔H18年度　名古屋大学〕

問題文の生産関数を例題2に当てはめると(5-9)式を満足しません．つまりこの問題では例題1のように供給関数を直接導出することができません．そのために必要な更なる工夫に関する問題です．

① 問題文にある生産関数において資本投入量を $\overline{K}$ で一定であるとしてこれを L について解き，それを費用の定義式 $C = wL + rK$ に代入すると，

$$C = w\overline{K}^{-1/2} y^{3/2} + r\overline{K} \equiv C^s[y ; \overline{K}] \tag{5-10}$$

が得られ，これを**短期費用関数**といいます．ここで後の例題ため用語を定義しておきます．(5-10)式のうち生産量に依存して発生する費用 $(w\overline{K}^{-1/2} y^{3/2})$ を**可変費用**，生産活動がなくても発生する費用 $(r\overline{K})$ を**固定費用**といいます．

② 例題2の②と同一手順で計算します．

$$Minimize \quad wL + rK$$

$$Subject\ to \quad K^{1/3} L^{2/3} = y$$

ラグランジェ関数は，

$$\Lambda[K, L, \lambda] = wL + rK + \lambda(y - K^{1/3} L^{2/3})$$

ですから，K, L に関する一階の条件から $2K/L = w/r$ の最適条件式が得られ

5） (5-9)式を満たす限り，例題1の方法で供給関数を導出することもできます．

ます．これと生産関数から要素需要の組合せは，

$$(K^0, L^0) = \left(\left(\frac{w}{2r} \right)^{2/3} y, \left(\frac{2r}{w} \right)^{1/3} y \right)$$

と計算でき，最後にこれを目的関数に代入することで長期費用関数は，

$$C = (3r)^{1/3} \left(\frac{3w}{2} \right)^{2/3} y \equiv C^l[y] \tag{5-11}$$

と求めることができます．

③　一般に費用関数を生産量 y で微分したものを**限界費用**といいます．ですが(5-11)式より，限界費用は y に依存しない $(3r)^{1/3}(3w/2)^{2/3}$ となって題意が証明されます．

④　(5-11)式は w, r が一定のもとで任意の y に対応する最小費用を表しました．他方(5-10)式は生産関数と費用の定義式から導出されており，これが最小費用と対応しているわけではありません．ということは任意の y に対して，

$$C^s[y; \overline{K}] - C^l[y] \equiv g[y; \overline{K}] \geq 0$$

を満たすはずです．なぜなら $g[y; \overline{K}] < 0$ となる生産量が存在するならば，(5-11)式は最適化問題を通じて実現した最小費用ではないことになるからです．この関数 g をもとにして，答えを探っていこうと思います．

$g[y; \overline{K}] < 0$ となる生産量は存在しませんが，非負の範囲で $g[y; \overline{K}]$ の値が最小となる生産量は存在するはずです．そこで(5-10)および(5-11)式をもとに関数 g を y で微分したものをゼロとおきます．

$$\frac{dg[y; \overline{K}]}{dy} = \frac{3w}{2\overline{K}^{1/2}} \cdot y^{1/2} - (3r)^{1/3} \left(\frac{3w}{2} \right)^{2/3} = 0 \Leftrightarrow y = \left(\frac{2r}{w} \right)^{2/3} \overline{K} \tag{5-12}$$

そして(5-12)式を満たす生産量のもとで関数 g の値はゼロになります（確認して下さい）．つまり短期費用関数において任意に定めた資本投入量に対して，$g[y; \overline{K}] = 0$ となる生産量が唯一存在することを表しています．[6]

6）　2点補足しておきます．

①　関数 g を2階微分すると任意の生産量のもとで，

$$\frac{d^2 g[y; \overline{K}]}{dy^2} = \frac{3w}{4\overline{K}^{1/2}} \cdot y^{-1/2} > 0$$

が成立し，(5-12)式で求まる生産量が関数 g の最小値に対応することが分かります．

②　(5-12)式を $\overline{K}$ について解けば $\overline{K} = (w/2r)^{2/3} y = K^0$ であり，この例題②から導

以上の結果を踏まえると，(5-10)および(5-11)式の関係は図5-2のように描くことができます．短期費用関数は任意に定めた資本投入量に応じてさまざまな位置に増加関数として描くことができますが，これらは必ず長期費用関数と接点を唯一もちます．このことから一般に，長期費用関数は短期費用関数の包絡線であることが示されます．

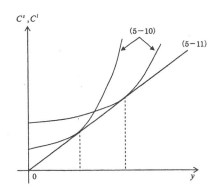

図5-2　短期費用関数と長期費用関数の位置関係

3．短期費用関数を用いた供給関数の導出

例題3のように，各生産要素にかかる指数の和が1である生産関数をコブ・ダグラス型（第2章脚注16参照）といいます．これは経済学で想定される特定の生産技術（生産要素に関する収穫逓減および規模に関する収穫不変）[7]を表すもっとも単純な関数形です．しかし例題2からわかる通り，コブ・ダグラス型生産関数のもとでは利潤最大化から直接供給関数は導出できず，費用最小化行動から長期費用関数を導出しても，そこから供給関数は得られません．

そこで通常では例題3のように生産関数から短期費用関数を導出し，それをもとに再度利潤最大化行動を解くという手法が採用されています．ここではそれを前提した問題を見ていくことにしましょう．

出される要素需要関数に一致します．実はこれは，(5-10)式においてyを一定としてCsを最小にするように制御したKにも一致します．

7）「生産要素に関する収穫逓減」とは，生産関数の1階偏導関数の符号が正，2階偏導関数の符号が負であることを示しています．第3章例題1より，この前提は生産関数が凹関数であることを示していますが，経済学的には次のように解釈します．任意の水準から生産要素を投入すれば生産量は確実に増加するが，生産要素自体が多くなるとそこからの追加投入で増産できる生産量が期待できなくなる．他方「規模に関する収穫不変」とは，すべての生産要素を同時にt倍すると生産量もt倍される，別言すると，生産関数が1次同次関数（第2章参照）であることを経済学的に翻訳したものです．

例題4

企業の費用関数が

$$C[q] = 2 + (q-1)^3$$

（$C[q]$：総費用，q：生産量）であるとする．このとき以下の問いに答えよ．

① 限界費用関数と平均費用関数を求めよ．また限界費用曲線と平均費用曲線のグラフを描け．

② 固定費用と平均可変費用関数を求めよ．また平均可変費用曲線のグラフを描け．

③ 企業が完全競争市場に直面しているとする．価格 p のときの利潤最大化条件を式で示せ．

④ 完全競争市場で生産物価格が $p=12$ のとき，利潤最大化する企業の供給量を求めよ．またそのときの企業の売上高，総費用，利潤はいくらか．

⑤ 企業の供給関数を求めよ．また供給曲線をグラフで示せ．

〔H16年度　新潟大学（抜粋）〕

以下では問題を解きやすくするために，問題文にある短期費用関数を展開しておきます．

$$C[q] = q^3 - 3q^2 + 3q + 1 \tag{5-13}$$

①② 限界費用関数（以下 $mc[q]$）とは(5-13)式を生産量 q で微分したものですから，

$$C'[q] \equiv mc[q] = 3(q^2 - 2q + 1) \tag{5-14}$$

であり，これは $q=1$ で最小値 0 を持つ 2 次関数です．他方**平均費用関数**（以下 $ac[q]$）とは(5-13)式を q で割ったもので，

$$\frac{C[q]}{q} \equiv ac[q] = q^2 - 3q + 3 + \frac{1}{q} \tag{5-15}$$

で与えられます．(5-15)式は $q=0$ を漸近線としてもち，$q \geq 0$ の範囲で最小値

8）　(5-15)式右辺にある $1/q$ は固定費用を q で割ったもので，**平均固定費用**といいます．

を１つもつ関数となります．最後に可変費用（以下 $VC[q]$）は q に依存して発生する費用ですから，この問題では(5-13)式から固定費用１を控除した $VC[q]=q(q^2-3q+3)$ です．これを q で割ったものが**平均可変費用**関数（以下 $avc[q]$）になります．よって，

$$\frac{VC[q]}{q} \equiv avc[q] = q^2 - 3q + 3 \qquad (5\text{-}16)$$

と求めることができます．これは $q=3/2$ のときに最小値 $3/4$ をもつ２次関数であることがわかります．

　以上問題にある３つの費用概念の定義と性質を述べてきましたが，これらを図示すると図５－３のようになります．ここで(5-14)式と(5-16)式は２点 $(0, 3)$ $(3/2, 3/4)$ で共有点を持ちます．そして(5-15)式と(5-16)式は関数の定義上共有点を持たない（∵可変費用に固定費用が含まれない）こと，さらに(5-14)式と(5-15)式は (q_0, p_0) という共有点を持つことも分かります．ここで重要なことは，(5-14)式が(5-15)式および(5-16)式の頂点を必ず通るということです．[9]

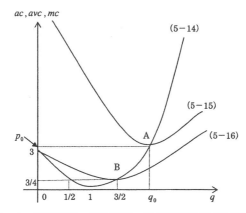

図５－３　限界費用，平均費用，平均可変費用の位置関係

---

9 ）(5-14)式および(5-15)式より，$mc[q]$ と $ac[q]$ が等しいとき，
$$2q^3 - 3q^2 - 1 = 0$$
が成立します．他方(5-15)式に極値が存在するならば，
$$d(ac[q])/dq = 0 \Leftrightarrow 2q^3 - 3q^2 - 1 = 0$$
が成立し，両者の条件が一致していることが分かります．ゆえに $mc[q]$ は $ac[q]$ の頂点を通ることが証明されます．

その点をそれぞれ A, B とします.

③　この問題における利潤関数は(5-13)式を用いて,

$$\pi = pq - (q^3 - 2q^2 + 3q + 1) \tag{5-17}$$

と定義されます. ここから一階の条件を計算して整理すると,

$$\pi' = 0 \Leftrightarrow p = 3(q-1)^2 = mc[q] \tag{5-18}$$

が得られます. これは利潤が最大になっているもとでは, 生産物価格（生産量を微小に増産したときの売上の増加分）と限界費用（微小な増産に伴って生じる費用の増加分）が等しいことを表しています.

④　(5-18)式に $p = 12$ を代入すると, （q の定義域が非負であることから）$q = 3$ が最適生産量になります. このもとでの売上 $pq = 36$, 総費用 $C[3] = 10$ より, 実現する最大利潤は $\pi = 26$ となります.

⑤　(5-18)式から供給関数は p の関数として, $q = 1 + \sqrt{p/3}$ となります. これも生産物価格の増加関数ですが, この例題の場合, 生産物価格が $p = 3/4$ を下回るとき生産者は財の供給を一切行わないという結論が得られます. よって厳密に供給関数を表現すると,

$$q = \begin{cases} 1 + \sqrt{p/3} & \text{if} \quad p > 3/4 \\ 0 & \text{if} \quad 0 \le p \le 3/4 \end{cases} \tag{5-19}$$

で示され, これを図示した図 5 -4からは, (5-19)式が**操業停止点**（B 点）より上に位置する限界費用曲線上で示されることがわかります.

短期費用関数を用いた供給関数がこのような性質を持つ理由を最後に考察しましょう. 一般に, 費用関数を用い

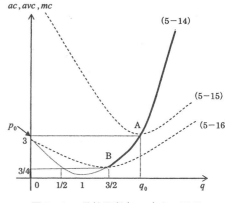

図 5 - 4　供給関数(5-19)式の形状

---

10)　なぜ倒産という言葉を使わず操業という言葉を用いるのか？その理由は, この問題が容易に調整できない生産要素（たとえば資本設備）を固定して,（比較的）容易に調整可能な生産要素（たとえば労働力）の調整を通じた利潤最大化行動を念頭においているからです. たとえば, 繁忙期と閑散期が明瞭な季節製品（冷暖房器具など）の生産は短期間での生産変動が激しいため, 工場設備の規模はそのままに, そこで働く従業員数を調整するはずです. こうした短期間における生産計画を考えるのがここでい

た利潤関数は $\pi[q]=pq-C[q]$ と書くことができます．この式右辺を生産量
でくくりだして $p=mc[q]$，すなわち最大利潤が実現している状況を考えると，
$$\pi=(mc[q]-ac[q])q$$
と書き換えることができます．

ここで生産物価格が $p=3/4$ のケースを考えましょう．このとき生産量は(5
-18)式にしたがって $q=3/2$ に制御することがこの生産者にとって一番望まし
いはずです．ところがこの状況では限界費用と平均可変費用が等しいので，上
式において $mc[q]$ を $avc[q]$ に置き換えると $avc[3/2]-ac[3/2]=-2/3$ とな
り，結果実現する最大利潤は -1 になります．この値は固定費用分の赤字に相
当し，生産活動（操業）を停止した場合と同じ結果となります．ならばあっさ
り生産活動をしないほうがいい．こうして図5-4のB点は生産者が操業をす
るかどうかの決定に迫られる境界点という意味で，操業停止点というわけです.[11]

練習問題

問題1

次のような生産関数をもつ競争的企業を考える．
$$y=30K^{1/3}L^{1/2}$$
（ただし y は生産量，L は労働，K は資本）
y の価格が p，賃金率が10円，資本賃貸率が10円としたとき，供給関数および
労働需要関数を求めよ．

〔H16年度　滋賀大学〕

う短期という言葉の意味になります．ここから推量すると，短期間の生産計画におい
て仮に操業を停止したとしても，次の短期間において（必要十分な）利潤を得ること
ができれば，過去の赤字が清算できるはずです．このことを考慮して操業という言葉
を使うわけです．

11) これと同じ論法を使えば，図5-3のA点が**損益分岐点**に該当することが良く分かり
ます．生産物価格が p_0 のとき生産者は生産量を q_0 に制御しますが，このとき実現する
最大利潤は $p_0=mc[q_0]=ac[q_0]$ に注意すれば，
$$\pi=(ac[q_0]-ac[q_0])q_0=0$$
になります．利潤がゼロであるということはこの生産者にとっては損も得もしていな
い，まさに境界状況にあると判断できるわけです．

問題 2

費用関数を

$$C = (w_1 + 2\sqrt{w_1 w_2} + w_2)y$$

とする．ここで w_1 は生産要素 i $(i=1, 2)$ の価格，y は生産量である．以下の①〜③の問に答えなさい．

①　（制約つき）要素需要関数を求めよ．

②　生産関数を求めなさい．

③　②で求めた生産関数について代替の弾力性を求めよ．

〔H17年度　名古屋大学〕

Hint：問題に示された費用関数が長期のものであることに目をつけて下さい．

問題 3

完全競争下におけるある企業の費用関数 C が生産量を y として，

$$C[y] = 2y^2 + 18$$

であるとする．このとき以下の問に答えよ．

①　平均費用曲線の式を求めなさい．

②　この財の価格を P として，供給曲線の式を求めなさい．

③　②で求めた供給曲線において，利潤が 0 になる価格を求めなさい．

④　費用関数が $C^*[y] = 2y^2 + 20$ に変化したとする．この場合，この費用関数から導かれる供給曲線は，②で求めた供給曲線と比べてどう変化するのか．簡潔な理由をつけて説明しなさい．

〔H19年度　早稲田大学（抜粋）〕

問題 4

完全競争市場において，ある企業の費用関数が次のように与えられている．

$$C[x] = x^3 + 3x^2 - 40x + 550$$

ただし x は生産量であり，生産物 1 個あたりの価格は $P = 200$ であるとする．以下の質問に答えなさい．

①　企業の利潤を最大にする生産量とそのときの利潤を求めなさい．

②　この企業に対して一定の定額税357が課税されたとき，生産量と利潤はいくらになるか．

③　この企業の生産物に対して1単位あたり51の従量税が課税されたときの
生産量と利潤を求めなさい．

④　②③の結果を踏まえて，これらの税の社会的余剰に与える効果について
どのようなことが言えるか，説明せよ．

〔H15年度　龍谷大学（抜粋)〕

Hint：従量税や社会的余剰については次章を参照してください．

第6章

完全競争市場

　経済学の主要な課題は，経済システムの構造やパフォーマンスを調べることで人間社会の様子を描き出すところにあります．その際ミクロ経済学では，消費者（第4章）や生産者（第5章）といった個別主体の合理的行動が詳しく分析され，その手法がラグランジェ乗数法をはじめとする最適化問題でした．そしてこの方法を通じた分析結果は経済全体の動きに投影され，ようやくこの主題を見ていくことができます．そこで本章からしばらくは，市場を扱った大学院入試問題を見て行くことにしましょう．

　経済学では市場構造の理想状態として完全競争市場を想定し，本章ではその構造についてみていきます．あえて完全競争市場を理想とよんだのには理由があって，特定条件の下では完全競争市場が市場参加者にとって最善の結果をもたらすからです．ただし，この市場構造は以下の条件が全て成立していなければなりません[1]．

(1)　ある市場において取引される財に品質やブランドといった差異が存在しない．

(2)　ある市場取引に参加する消費者・生産者の数は膨大に存在する．だが個々の消費者・生産者が取引できる財の量はごく僅かである．

(3)　その市場取引への参加・撤退にかかわるあらゆる費用がかからない．

(4)　その市場で取引される財の品質，価格などの情報を熟知している．

この条件を全て満たす市場を現実の中で見出すのは難しそうですが，当面この

1）　これ以外に，完全競争市場の取引においては消費者・生産者双方の利害から独立した競売人（せり人）の存在が必要です．なぜなら条件(2)より，膨大な数の消費者・生産者が直接利害調整を行うことが事実上不可能だからです．その意味では，せり人の存在している市場（たとえば生鮮食料品の卸売市場や証券，為替市場など）が完全競争に近い状態だと考えたらいいでしょう．

条件が全て成立しているものとします．すると，①ある財の価格が市場の需給一致を通じて決定される，そして②同じ財の価格がどの地域でも同一水準で成立する（**一物一価の法則**）という結論が得られます．

1．均衡価格決定の応用 〜くもの巣モデル〜

例題1

　ある市場において「クモの巣モデル」の需要曲線と供給曲線がそれぞれ，
$$D_t = a_1 P_t + b_1$$
$$S_t = a_2 P_{t-1} + b_2$$
（D_t：t 期の需要量，S_t：t 期の供給量，P_t：t 期の価格）によって示されているものとする．ただし a_1, a_2, b_1, b_2 はパラメーターである．市場均衡は存在するものとして，調整過程の安定条件で正しいものはどれか．

①　$|a_1/a_2| > 1$　　②　$|a_1/a_2| < 1$　　③　$|a_1 \cdot a_2| > 1$

④　①②③のいずれでもない．

〔H13年度　一橋大学〕

　需要量と供給量が一致する状況を一般に**市場均衡**とよびます．これは問題文の記号から $D_t = S_t$ ですから，これに問題文の需要および供給曲線を代入して，
$$P_t = \frac{a_2}{a_1} P_{t-1} + \frac{b_2 - b_1}{a_1} \tag{6-1}$$
と価格に関する<u>1階差分方程式</u>が得られます．この方程式を解くために，(6-1)式右辺に $\dfrac{a_2(b_2 - b_1)}{a_1(a_1 - a_2)}$ を加減します．
$$P_t = \frac{a_2}{a_1}\left(P_{t-1} - \frac{b_2 - b_1}{a_1 - a_2} + \frac{b_2 - b_1}{a_1 - a_2}\right) + \frac{b_2 - b_1}{a_1}$$
$$= \frac{a_2}{a_1}\left(P_{t-1} - \frac{b_2 - b_1}{a_1 - a_2}\right) + \frac{b_2 - b_1}{a_1 - a_2}$$
さらに $P_t - \dfrac{b_2 - b_1}{a_1 - a_2} \equiv q_t$ とすれば $q_t = (a_2/a_1) q_{t-1}$ と書き換えることができ，これは公比 a_2/a_1 の等比数列を表しています．よって q_0 をこの数列の初項として，この等比数列の一般項は $q_t = (a_2/a_1)^t q_0$ であり，記号を元に戻すことで(6

-1)式の解は,

$$P_t = (P_0 - P^*)\left(\frac{a_2}{a_1}\right)^t + P^* \tag{6-2}$$

と求めることができます. ここで P_0 は初期時点 ($t=0$) での市場価格, $P^* \equiv \frac{b_2 - b_1}{a_1 - a_2}$ は市場価格の定常値[2]を表します.

さて問題にある「調整過程の安定条件」とは, 時間の経過とともに価格が一定値 (すなわち定常値) に到達するために必要な条件をさします. ここで(6-2)式に注目すると, t の影響を受けるのは右辺第1項の $(a_2/a_1)^t$ のみです. そして t が十分大きくなったときにこれがゼロに収束すれば, (6-2)式は P^* に一致します. 容易に分かるように, 題意を満たすためには a_2/a_1 の絶対値が1未満, すなわち $|a_2/a_1| < 1$ を満たせばいいはずです. これをひっくり返して $|a_1/a_2| > 1$ であり, ゆえに選択肢①が正解となります.

図6-1を見てください. この図は, 問題にある2つの曲線を示したものです[3]. なおこの図において, 需要量と供給量を一括して X_t と表しておきます. この図をもとにある時点における市場価格を P_0 として, それ以降の各時点で価格と取引量がどう決定されていくのかを考えてみましょう.

時点0で価格が P_0 で与えられると, 供給曲線にしたがって時点1の供給量 (の計画量) X_1 が決定されます. 時は

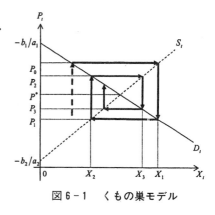

図6-1 くもの巣モデル

---

2) 定常値とは, (6-1)式において $P_t = P_{t-1} \equiv P^*$ とおいたときの値に一致します. この条件は1階差分方程式において隣接する2つの項が同じ値をとるとき, それ以降のすべての項の値も同じになることを意味します. ちなみにこのときの取引量の定常値を X^* とすれば, $X^* = \frac{a_1 b_2 - a_2 b_1}{a_1 - a_2}$ と計算できます. なお数列および差分方程式の詳細については, 『大学院へのマクロ経済学講義』(以下『マクロ講義』) 第4章で解説しています.

3) ただし, この図において $a_1 < 0 < a_2$, $|a_1| > a_2$, $b_2 < 0 < b_1$ というパラメータ条件を仮定しています.

流れ，実際に時点1になったとします．このとき各生産者は時点0に決めた計画にしたがって X_1 だけの生産を行い，市場で販売します．財の販売段階において，各生産者は次のようなことを考えるはずです．財が売れ残れば在庫として倉庫に積みあがるのでもったいない（∵倉庫での保管には費用もかかる）．かといって売れ過ぎても即座に対応はできない（∵今期の生産量は前期に既に決めてしまっている）．そうなると，生産者側からすれば生産した財が全部売り切れるギリギリの価格であればいい．つまり価格は X_1 を需要曲線に対応させた P_1 で決定されることになります．こうして P_1 が決定されると，各生産者は供給曲線にしたがって時点2での生産（計画）量を X_2 にし，それが時点2で完売できるように価格が P_2 に定まり，以下このプロセスが永続して行きます．

こうして生産量と価格が決定されるプロセスを矢印で結ぶと，図6‐1にあるように右回りの渦を描きながら，需要・供給曲線の交点（定常値）に向かって進んで行く様子が分かります．そしてこの図をパッと見ると，まるでくもの巣を張ったような画像が浮かんできます．ここからこれを「くもの巣モデル」と呼ぶようになったのです．

2．競争均衡

例題2

2財 x, y と2個人 A, B からなる純粋交換経済において，個人 A, B の効用関数がそれぞれ $u_A = x_A^2 y_A, u_B = x_B y_B^2$ （x_i, y_i：個人 i の各財の消費量，i：個人 A, B を区別する添え字）と与えられ，個人 A は x 財のみ90単位だけ初期保有し，個人 B は y 財のみ60単位だけ初期保有しているものとする．以下の小問に答えよ．

① x 財価格を p_x, y 財価格を p_y とし，x 財の超過需要関数 ED_x を求めよ．

② 市場均衡における価格比 p_x/p_y を求めよ．

③ ED_x が正であれば価格比 p_x/p_y は増加し，ED_x が負であれば価格比 p_x/p_y は減少するような調整過程を考えよう．この調整過程の下で②

で求めた均衡価格比が安定であることを示せ.

〔H15年度　新潟大学〕

　①　問題は **超過需要関数** の導出にあり, これは総需要量から総供給量を引いたもので定義されます. この問題では各財の存在量（ここでは供給量. 正確には **賦存量** という）が一定値で与えられています. 加えて 2 人の効用関数がそれぞれ定義されていますので, 2 人の需要関数を求めれば何とかなりそうです.

そこで各消費者の予算制約から定義しましょう. これは個人 i の所得を I_i として,

$$p_x x_i + p_y y_i = I_i$$

で与えられます. でも問題文では各個人が当初持っている財の量を与えているだけで,「所得」という単語はありません. そこで各個人は手持ちの財を全て一旦市場で売却し, そこで得た所得で各財を購入すると考えます. すると各個人の所得は, $I_A = 90 p_x$ および $I_B = 60 p_y$ で与えられます.

　これで予算制約が定義できましたので, 各個人の需要量を計算していきます. 個人 A の最適化問題は,

$$Maximize \quad u_A = x_A^2 y_A$$

$$Subject \ to \quad p_x x_A + p_y y_A = 90 p_x$$

と定式化でき, ラグランジェ関数は,

$$\Lambda_A[x_A, y_A, \lambda_A] \equiv x_A^2 y_A + \lambda_A(90 p_x - p_x x_A - p_y y_A)$$

と定義できます（λ_A は個人 A のラグランジェ乗数）. 一階の条件を整理して最適条件は $2 y_A / x_A = p_x / p_y$ と導出できます. これと予算制約から個人 A の需要関数の組合せは,

$$(x_A^*, y_A^*) = \left(60, \frac{30 p_x}{p_y} \right) \tag{6-3a}$$

そして個人 B についても同様の計算過程を踏めば,

$$(x_B^*, y_B^*) = \left(\frac{20 p_y}{p_x}, 40 \right) \tag{6-3b}$$

と需要関数の組合せを計算することができます. よって求める x 財の超過需要関数 ED_x は, 総需要量 $x_A^* + x_B^*$ から x 財の存在量90を引いたもの, すなわち,

$$ED_x \equiv x_A^* + x_B^* - 90 = \frac{20p_y}{p_x} - 30 \qquad (6\text{-}4)$$

となります．

② $p_x/p_y \equiv p$ として，(6-4)式を図示してみましょう．それが図6-2に右下がりの曲線として描かれています．市場均衡は需要と供給が等しいときに成立し，この問題に即せば，(6-4)式がゼロのとき成立します．よって求める価格比は $p=2/3$ となります。[4] そして価格比を(6-3)式に代入した $(x_A^*, y_A^*) = (60,

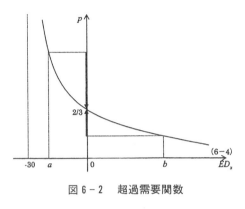

図6-2　超過需要関数

20)$ および $(x_B^*, y_B^*) = (30, 40)$ を**競争均衡配分**とよび，これと価格比をセットにして**競争均衡**といいます．

③ 図6-2をもとにして，$ED_x > 0$ のケースから考えましょう．超過需要がたとえば $b>0$ で与えられているもとで，（問題文から）そこに対応する価格比 p が上昇するとします．これによって p と超過需要の組合せが曲線に沿って左上に動き，超過需要は減少します．この動きは $ED_x > 0$ である限り持続しますので，早晩到達する $p=2/3$ のもとで超過需要はゼロになるはずです．この状態になれば p がさらに上昇することはありません．この性質は $ED_x < 0$ を満足する a のもとでも（問題文に即す限り）変わりありません．すなわち p が下落することでマイナスの超過需要（すなわち**超過供給**）も減少し，最終的に到達する $p=2/3$ において超過供給はゼロになります．この状態になれば p がさらに減少することはありません．以上のことを総合すると，問題に

4）　別解として次のように考えても構いません．個人 A は当初 x 財を90単位持っていることと(6-3a)式を考慮すると，彼は x 財30単位を引き換えに y 財を欲します．同様にして個人 B は(6-3b)式より，y 財20単位を引き換えに x 財を欲します．これらを貨幣価値に換算して同価値であれば両者は交換するはずです（これを**等価交換**といいます）．これを数式で表すと $30p_x = 20p_y$ ですから，ここから価格比 $p=2/3$ を求めることができます．

ある調整過程を前提にすれば任意の超過需要のもとで $ED_x=0$ となるような p を必ず見出すことができ，こうした市場（競争）均衡のことを**安定**といいます。[5),6)]

ちなみに，y 財の超過需要関数は (6-3) 式より，

$$ED_y \equiv y_A^* + y_B^* - 60 = 30p - 20 \tag{6-5}$$

で与えられます。この例題では (6-4) 式を使って $p=2/3$ で x 財市場の均衡が達成されることを示しましたが，このとき $p=2/3$ を (6-5) 式に代入すればゼロに，すなわち y 財市場も均衡が成立します。このことは 2 つの市場均衡を同時に見る場合，どちらか一方の市場均衡について明らかにできれば，もう一方の市場均衡は自動的に達成されることを表しています。この結論を n 種類

---

5)　逆に問題文にある調整過程を前提にしたときに，超過需要がゼロになるような価格比を見出せない市場均衡のことを**不安定**といいます。

6)　この例題では問題文に即して答えを出しましたが，そもそもなぜ (6-4) 式がゼロでないときに価格比が動くのでしょうか？その理由は脚注 4 の議論に求めることができます。

　　たとえば $ED_x>0$ のケースを考えてみましょう。これは (6-4) 式から，

$$ED_x>0 \Leftrightarrow 30p_x<20p_y$$

が成立することと同値です。この状況は各個人が手放そうと思っている各財の価値を貨幣単位で計れば，y 財の方が高いことを表しています。しかしこのままの状況では交換は実施されません。それを回避するには 2 つの方法があります。第 1 に，個人 B が手放そうとする y 財の量を上式が等号で成立するまで減らす方法です。この方法だと個人 B は欲しいと思っている x 財を欲しいだけ入手でき，あらかじめ手元に残した40単位の y 財とともに最適化問題で導出したとおりの目的（＝効用）が実現できます。ところが個人 A はそうはいきません。なぜなら，この方法だと彼が欲しいと思っている y 財が少ししか入手できず，最適化問題で導出した目的を実現できないからです。なお追加的に手元に残った y 財を個人 B はどうするか？捨てます。なぜか？すでに必要な y 財は確保しているところに追加されても，個人 B は少しも嬉しくないからです。

　　このように第 1 の方法では，各個人が持ち寄った財（の一部）を捨てるという実にもったいない結果をもたらします。そこで第 2 の方法の登場です。それは，各個人が持ち寄る財の価値を貨幣単位で計るために用いられる価格を操作することです。このケースでは p_x を引き上げ，かつ p_y を引き下げれば，上式を等号で成立させることが可能なはずです。こうした操作によって価格比 p が上昇して行くのです。そして上式が等号となるような価格の組合せ（すなわち価格比）が見つかれば，交換が実現します。つまりある値で価格比が動かないということは，（少し一般的に言うと）取引が実現することを意味しているのです。

の財が流通している場合に拡張すると，$n-1$種類の財市場均衡について明らかにできれば，残り1財の市場均衡は自動的に満たされるわけです．この法則のことを提唱者の名前をとって**ワルラス法則**といいます．

3．厚生経済学の基本命題

一般に市場は，無数の消費者および生産者が財を交換する上でぜひとも必要な基準である価格を決定する場です．では市場で価格が決定されるとどうなるのか？第4・5章でみた各経済主体の最適化問題の解が実現します．その際，すべての主体が望む結果を実現できなければなりません．その基準となるのがここで解説する**パレート最適**です．

例題3

2主体2財の完全競争モデルを考える．x_iを第i主体のx財消費量，y_iを第i主体のy財消費量とする（ただし$i=1,2$）．第i主体の効用関数は，
$$U_i = x_i y_i$$
さらにp_xをx財価格，p_yをy財価格とする．なお当初，第1主体はx財のみX単位保有し，第2主体はy財のみをY単位保有しているものとする．

① 第i主体の予算制約式を示しなさい．

② 効用を最大にする第1主体の需要量の組合せ(x_1^*, y_1^*)を求めなさい．

③ 2主体の予算制約から，ワルラス法則が成立することを示しなさい．

④ 市場を清算する相対価格p_y/p_xを求めなさい．

⑤ ボックス・ダイアグラムで契約曲線を描きなさい．契約曲線を表す式も示しなさい．

〔H12年度　大阪市立大学（改題）〕

---

①② 例題2と同じ考え方から，各主体の予算制約式はそれぞれ，

$$p_x x_1 + p_y y_1 = p_x X \tag{6-6a}$$

$$p_x x_2 + p_y y_2 = p_y Y \tag{6-6b}$$

となります（①の答）．これと問題文の効用関数から第 1 主体の最適化問題
は，

$$Maximize \quad U_1 = x_1 y_1$$
$$Subject \ to \quad (6\text{-}6a)$$

と定式化でき，これまでと同様の手順を踏んで，第 1 主体の需要量の組合せ
は，

$$(x_1^*, y_1^*) = \left(\frac{X}{2}, \frac{p_x X}{2 p_y} \right) \tag{6-7}$$

と計算できます．

③　問題の意図はワルラス法則の成立を証明することですが，問題文にある
ように各主体の予算制約式からこれを示さなければなりません．そこで(6-6)
の2つの式を足して，各主体が最適化問題を通じて決定する需要量の組合せを
(x_i^*, y_i^*) として整理します．

$$p_x(x_1^* + x_2^* - X) + p_y(y_1^* + y_2^* - Y) = 0 \tag{6-8}$$

(6-8)式左辺第 1 項の（　　）内は例題 2 で導出した x 財の超過需要，第 2 項
の（　　）内は y 財の超過需要を表しています．この式自体は，2 つの市場の
超過需要の和がゼロであることを示しています．ここでもし x 財市場の超過
需要がゼロならば（$p_y > 0$ である限り）y 財市場の超過需要もゼロに，すなわ
ち y 財市場も均衡が達成されます．これがワルラス法則の言わんとするところです．

④　③でワルラス法則の成立が証明されましたので，どちらか一方の市場，こ
こでは y 財市場に注目します．第 2 主体の最適化問題から需要量の組合せが，

$$(x_2^*, y_2^*) = \left(\frac{p_y Y}{2 p_x}, \frac{Y}{2} \right)$$

で与えられることを踏まえると，y 財に関する超過需要関数(6-5)式は，

$$ED_y = \frac{1}{2} \left(\frac{p_x X}{p_y} - Y \right)$$

で与えられます．そしてこの式がゼロのもとで y 財市場（および x 財市場）
の均衡が得られますから，求める相対価格は $p_y/p_x = X/Y$ で与えられます[7]．

⑤　例題 2 およびここまでの解答では，消費者は当初保有していた財を一旦

---

7)　この相対価格を x 財の超過需要関数 $ED_x = p_y Y/2 p_x - X/2$ に代入するとゼロになり，
　　ワルラス法則が成り立つことを確認できます．

すべて市場で売却し，そこで得た所得で2つの財を購入しなおす状況を考えてきました．ここでは少し見方を変えて，2消費者の直接交渉を行う状況を考えましょう．この枠組は**純粋交換モデル**とよばれ，これを分析するには様々な定式化があるのですが，ここでは第1主体の最適化問題として考えることにします．ただし，(1) 各主体が持ち寄った財の総計が不変である，(2) 交換相手の最低限の効用を保証する，という2つを制約条件として考慮しなければなりません[8]．よってこの場合の最適化問題は，

$$Maximize \quad U_1 = x_1 y_1$$

$$Subject \ to \quad \begin{cases} x_2 y_2 = \overline{U}_2 & \text{(6-9)} \\ x_1 + x_2 = X & \text{(6-10a)} \\ y_1 + y_2 = Y & \text{(6-10b)} \end{cases}$$

によって定式化されます．ここで(6-9)式は上記(2)の制約，(6-10)式は(1)の制約をそれぞれ表しています．この最適化問題の制約条件は3本あって本来は第3章例題5に則して解くべきですが，第2主体の財の選択が第1主体の選択と資源総量が不変という制約を通じて自動的に決まることを念頭に置いて，ラグランジェ関数を次のように定義します．

$$\Lambda[x_1, y_1, \lambda] \equiv x_1 y_1 + \lambda\{(X - x_1)(Y - y_1) - \overline{U}_2\}$$

ここから一階の条件を計算して整理します．

$$\frac{y_1}{x_1} = \frac{Y - y_1}{X - x_1} \tag{6-11}$$

(6-11)式左辺は第1主体の限界代替率，右辺は $(Y - y_1)/(X - x_1) = y_2/x_2$ より第2主体の限界代替率です．つまり純粋交換モデルにおいて交換が実現するとき，交換当事者の限界代替率が等しくならなければならないことを(6-11)式は表しています．そしてここから，

$$y_1 = \frac{Y}{X} x_1 \tag{6-12}$$

8）(1)の条件を**資源制約**といいますが，交渉の最中に資源量が変わってしまえば最初から交渉をやり直す必要が生じるため，この制約を課します．そして(2)の条件を課す理由は，第2主体が財の交換を通じて自分の効用が下がる結果を望むはずがなく，交換が実現しないからです．

が得られます．これは交換
相手である第2主体の効用
と資源制約を満足するもと
で，第1主体が（財の交換
後に）保有する財の組合せ
が満たす条件を表しており，
これが**契約曲線**となります．

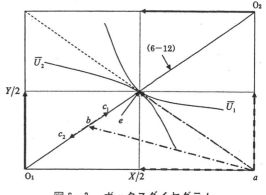

　この結果を図示してみま
しょう．それが図6-3に
示された箱型の図形であり，

図6-3　ボックスダイヤグラム

この図のことを**ボックス・**
ダイアグラムといいます．この例題では図の a 点が初期状態における財の組
合せを表しています．そして O_i が第 i 主体の原点，線分 O_1O_2 が(6-12)式を
表しています．

　一般に初期状態 a 点からの交渉において，(6-12)式に到達するように交渉が
進むはずです．なぜなら(6-12)式は第2主体の（提示する）効用を保証してお
り，彼（彼女）にとってこの組合せを拒否する理由がないからです．なので
(6-12)式上のたとえば b 点が（双方に）選ばれたとしても何ら問題がありま
せん．ですが，たとえば b 点から c_1 点への組合せ変更は第2主体に拒否され
（∵第2主体の効用が減少），b 点から c_2 点への組合せ変更は第1主体に拒否
され（∵第1主体の効用が減少）ます．このことから b 点は，そこから更な
る交換を進めようとすると誰かの効用を犠牲にしてしまうという意味で，それ
以上の交換交渉が成立しません．これを提唱者の名前をとって**パレート最適**と
いいます．

　ただし b 点から c_1, c_2 といった移動はありませんが，a 点から各点への到達
は可能です（a 点からだと，第2主体は c_1, c_2 点を拒否する理由がないから）．
それで言うと，a 点からは e 点にも到達可能です．ここで線分 ae の傾きは－[9]

---

　9)　その意味で契約曲線は，パレート最適な点（以下**パレート最適点**）の軌跡であると
　　　定義することができます．また初期状態 a 点は，（潜在的に無数の）パレート最適点
　　　を見出せる点であり，このことを**パレート改善**な点といいます．

Y/X，その絶対値は④で求めた相対価格の逆数に一致し，これも相対価格になります．④の状況は例題 2 から競争均衡でしたから，このもとで各個人に配分される財の組合せはパレート最適であると主張できます．これが**厚生経済学の第 1 命題**で，完全競争市場はパレート最適な資源配分を実現できるメカニズムを備えているといえるわけです．

例題 4

　2 つの財（第 1 財と第 2 財）と 2 消費者 A, B からなる純粋交換経済において，各消費者の効用関数 u^i $(i = A, B)$ と財の初期保有量 $e^i = (e_1^i, e_2^i)$ がそれぞれ以下のように与えられている．

$$u^A = (x_1^A)^2 x_2^A, \quad e^A = (2, 4)$$
$$u^B = x_1^B (x_2^B)^2, \quad e^B = (2, 1)$$

ただし x_j^i は消費者 i の第 j 財 $(j = 1, 2)$ 消費量を表す．各財の価格を p_1, $p_2 > 0$ として以下の問に答えよ．

①　各消費者の各財に対する需要関数を求めなさい．

②　各財の超過需要関数 z_j を求めなさい．

③　競争均衡における価格比を求めなさい．

④　初期時点において A から B に第 2 財を α $(0 \leq \alpha \leq 4)$ だけ移転することによって，均衡価格がどのように変化するか．

〔H15 年度　神戸大学〕

---

　①②③　例題 2 および 3 と同じ手法で計算します．ただし後の解答を考慮して，現段階では 2 消費者の所得を I^i としておきます．消費者 A の最適化問題は，

$$Maximize \quad u^A = (x_1^A)^2 x_2^A$$
$$Subject \ to \quad p_1 x_1^A + p_2 x_2^A = I^A$$

そして消費者 B のそれは，

$$Maximize \quad u^B = x_1^B (x_2^B)^2$$
$$Subject \ to \quad p_1 x_1^B + p_2 x_2^B = I^B$$

とそれぞれ定式化されます．ここから各消費者の需要量の組合せは，

$$((x_1^A)^*, (x_2^A)^*) = \left(\frac{2I^A}{3p_1}, \frac{I^A}{3p_2} \right) \tag{6-13a}$$

$$((x_1^B)^*, (x_2^B)^*) = \left(\frac{I^B}{3p_1}, \frac{2I^B}{3p_2} \right) \tag{6-13b}$$

とそれぞれ計算できます（①の答）．次に(6-13)式から各財の超過需要関数を導出します．このとき各消費者の所得の組合せが $(I^A, I^B) = (2p_1 + 4p_2, 2p_1 + p_2)$ であることに注意して，超過需要関数の組合せとして，

$$(z_1, z_2) = \left(\frac{3p_2}{p_1} - 2, \frac{2p_1}{p_2} - 3 \right) \tag{6-14}$$

と導出できます（②の答）．最後にワルラス法則からどちらかの超過需要関数を用いればよく，価格比は $p_1/p_2 = 3/2$ と計算できます（③の答）．このとき競争均衡配分は(6-13)式より，$((x_1^A)^*, (x_2^A)^*) = (28/9, 7/3)$ および $((x_1^B)^*, (x_2^B)^*) = (8/9, 8/3)$ で与えられます．

　④　初期時点で消費者 A から B へ第2財が α 単位移転した状況を出発点として，価格比がどうなるかを計算します．このとき各消費者の所得の組合せは，

$$(I^A, I^B) = (2p_1 + (4 - \alpha)p_2, 2p_1 + (1 + \alpha)p_2)$$

と変化しますが，需要関数の構造そのものは(6-13)式で変わりません．したがって，このケースでのたとえば第1財の超過需要関数 z_1' は，

$$z_1' = \frac{2\{2p_1 + (4 - \alpha)p_2\}}{3p_1} + \frac{2p_1 + (1 + \alpha)p_2}{3p_1} - 4 = \frac{(9 - \alpha)p_2}{3p_1} - 2$$

と修正され，求める価格比は $p_1/p_2 = (9 - \alpha)/6$ となります．これと③の答えを比較すると，明らかにこのケースの価格比が小さくなることが分かります．

　さて求めた価格比を(6-13)式に代入すれば，このもとでの競争均衡配分は，

$$((x_1^A)^*, (x_2^A)^*) = \left(\frac{4(21 - 4\alpha)}{3(9 - \alpha)}, \frac{21 - 4\alpha}{9} \right)$$

$$((x_1^B)^*, (x_2^B)^*) = \left(\frac{4(6 + \alpha)}{3(9 - \alpha)}, \frac{4(6 + \alpha)}{9} \right)$$

と計算でき，これはパレート最適な資源配分です（厚生経済学の第1命題より）．このことは，市場参加者以外の誰か（たとえば政府）によって第2財の移転を（強制的かどうかは別として）行ったとしても，その状態から出発して競争均衡に到達可能であることを示しています．このことを**厚生経済学の第2**

命題といいます．

４．市場均衡の評価　～余剰分析～

　例題 4 では消費者 A に偏った賦存量の組合せが前提されていました．そして④からは，賦存量の偏りを緩和することでより公平な競争均衡配分の実現が可能なのではないかと言えそうで，これが厚生経済学の第2命題の直感的理解です．しかし（政府などの）第 3 者による賦存量の移転を通じてより公平な競争均衡配分があるとしても，それが移転前の競争均衡配分と比べて社会的に望ましいか？これを判断する基準が実は前節の議論ではありません．その意味において競争均衡配分の実現可能性をはかる基準がパレート最適なわけです．

　そこで次に，市場均衡における望ましさを表す基準である**余剰**に関する問題を見て行くことにしましょう．

例題 5

　ある財の需要曲線と供給曲線が次のように与えられている．ただし P は価格，Q は取引数量とする．以下の問題に答えなさい．

$$需要曲線：P = 100 - 0.4Q$$
$$供給曲線：P = 20 + 0.6Q$$

① 　この財の市場均衡における均衡価格，均衡取引量，消費者余剰，生産者余剰を求めなさい．また縦軸に価格，横軸に取引数量をとって，この均衡を図示しなさい．

② 　この財に 1 単位当たり10の個別物品税が課税されたときの，均衡価格，均衡取引量，消費者余剰，個別物品税の税収，超過負担を求めなさい．またこの均衡を図示しなさい．

〔H16年度　龍谷大学（抜粋）〕

---

① 　まず均衡取引量と均衡価格については，与式を連立して $(Q^*, P^*) = (80, 68)$ と計算できます．次に**消費者余剰**とは，均衡点を起点にしてそれより上にある需要曲線と縦軸で作られる直角三角形の面積で定義され，このケースは1280となります．そして**生産者余剰**とは，均衡点を起点にしてそれよりも下に

ある供給曲線と縦軸で作られる直角三角形の面積で定義され，このケースは1920と計算できます．図については次の解答で提示します．

　なお次章以降のため，消費者余剰と生産者余剰を式で定義しておきます．市場均衡における消費者余剰を $CS[Q^*]$ とすると，需要関数が $p=a-bQ$ で与えられる場合，

$$CS[Q^*] \equiv \int_0^{Q^*} (a-bx)\,dx - p^*Q^* = \frac{b}{2}(Q^*)^2 \tag{6-15}$$

と定義されます．そして生産者余剰を $PS[Q^*]$ として，限界費用を $mc[Q]$ として，

$$PS[Q^*] \equiv p^*Q^* - \int_0^{Q^*} mc[x]\,dx = p^*Q^* - VC[Q^*] = \pi[Q^*] + F \tag{6-16}$$

で定義されます[10]．

　②　問題文にある個別物品税とは一般に**間接税**のことであり，この例題では財1単位当たりに課税することから**従量税**[11]という間接税が想定されています．このタイプの税金が導入されたときの均衡の変化を確定することが問題の主旨です．ただ政府が間接税を導入すると，その納税義務者である生産者行動が変わってくるはずです．そこで前章の分析から紐解いてみましょう．

　生産者の供給決定のための条件は価格と限界費用が一致することでした．この場合与えられた供給曲線の右辺が限界費用に該当し，ここから費用関数を求めましょう．積分定数 F を固定費用と考え，ある代表的な生産者の生産量を q とおいた上でこれを不定積分します．

$$C[q] = 0.3q^2 + 20q + F$$

次に財1単位当たりの従量税を t として，生産者の利潤関数を定義します．

$$Maximize \quad \pi = Pq - 0.3q^2 - 20q - F - tq \tag{6-17}$$

---

10)　積分計算が微分の逆演算であること，そしてそれをもとにしたべき関数の積分公式，

$$\int x^n dx = \frac{1}{1+n}x^{n+1}$$

　　を使えば，2つの式および次の問題で使用する費用関数は簡単に導出できます．積分法の詳細については『マクロ講義』第5章を参照下さい．

11)　たとえばタバコ税や酒税・関税などがこれに該当します．ちなみに私たちに馴染み深い消費税のように，価格の一定割合を課税するタイプは**従価税**とよんでいます．

そして一階の条件から課税後の供給曲線は，

$$P = 0.6q + 20 + t \qquad (6\text{-}18)$$

で得られ，課税後の供給曲線が1単位当たり従量税の分だけ上にシフトすることを意味します．よって問題文にある需要曲線と(6-18)式の q を Q に置き換えた供給曲線から，課税後の均衡価格と均衡取引量の組合せは $(Q^{**}, P^{**}) = (70, 72)$ と求めることができます．

ここまで計算できると課税後の消費者余剰は980，生産者余剰は1470，税収は700と簡単に計算できます．最後に**超過負担**（あるいは**死荷重**）とは，課税前の消費者余剰と生産者余剰の合計（これが**社会的余剰**）から課税後の消費者余剰・生産者余剰・税収の合計を引くことで得られます．したがって $(1280 + 1920) - (980 + 1470 + 700) = 50$ となります．そしてこれらの結果を図示したものが図6-4になります．

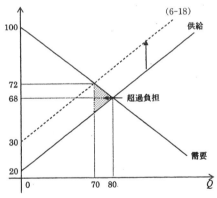

このようにある財に間接税を導入すると社会的余剰は必ず減少します．その理由は(6-18)式にあります．間接税は基本的に生産者が納税しなければなりません．しかし価格をそのままに納税すると，その分だけ利潤が減少します．生産者としてみればこうした事態は避けねばなりませんから，限界費用に財1単位当たり間接税分を上乗せした価格がつくような行動をとるはずです（これが税の転嫁）[12]．もし間接税導入の前後で取引量が不変であれば，値上げした分を納税することで利潤を不変に保つことができるからです．これが(6-18)式の意味するところです．

図6-4 課税後の社会的余剰と超過負担

ところがこの思惑は需要曲線と関連させると首尾よく行きません．なぜなら消費者はこの財の値上げに対して購入量を減らすからです．ゆえに課税後の均

---

12) つまり実際の消費税を負担するのが消費者に移転することになり，実際の税負担者のことを**担税者**といいます．

衡では価格上昇と取引量減少を同時に引き起こし，社会的余剰は2つの供給曲線に挟まれた台形の部分だけ減少してしまいます．もちろん政府は徴収した間接税を人々のために還元すると考えると，その部分は社会的余剰の一部に加算できます．ただ，そうであっても減った社会的余剰を完全に補塡することは不可能であり，その部分が超過負担として現れてくるのです．

練習問題

問題1

　ある財の需要曲線が $D=80-2p$ であり，この財を完全競争企業が供給していて，その供給曲線が $S=p-10$ であるとする．ただし D は需要量，S は供給量，p は価格である．

① 　均衡取引量はいくらか．

② 　政府が消費者に対して消費量1単位当たり15の従量税を課税したとする．このとき均衡取引量はいくらか．

③ 　②の課税措置によって生じる死荷重（厚生損失）の大きさはいくらか．

〔H15年度　立命館大学（改題）〕

Hint：消費者は通常価格＋従量税率を購入に当たって支払わなければなりませんから，需要曲線が変わってくるはずです．

問題2

　ある完全競争市場の価格 p と数量 X の関係を表す逆需要関数と逆供給関数がそれぞれ，

$$p=a-bX$$
$$p=c+dX$$

で表されるとき，以下の問に答えよ．ただし価格と数量以外の記号はすべて正定数とせよ．また $a>c$ とせよ．

① 　均衡市場価格 p^* と均衡取引量 X^* を求めよ．

② 　この市場に政府が介入して，消費者を納税義務者とする取引量単位あたり一定の消費税 t を課すと市場均衡は変化するが，課税後の市場価格 p_t^* と均衡取引量 X_t^*，および消費者の実効価格 $p_c^*(\equiv p_t^*+t)$ を求めよ．

③　政府の税収入 T が最大になる消費税を求めよ．

④　政府が税収入をすべて当該消費者に分配した場合でも，この市場は社会的余剰の損失を被るが，当該死荷重を消費税を用いて表し，死荷重が最小（すなわち社会的余剰が最大）になる消費税を求めなさい．

〔H20年度　早稲田大学（抜粋）〕

問題3

2 つの財 x, y と 2 個人 A さんと B さんからなる交換経済を考える．各個人の効用関数は，

$$U_i = x_i^{1/2} y_i^{1/2}$$

で与えられているものとする．ただし x_i, y_i はそれぞれ i $(i=A, B)$ さんの x，y の消費量を示している．いま A さんは x を 3 単位，y を 5 単位保有している．B さんは x を 4 単位，y を 2 単位保有している．

①　上の交換経済において，パレート最適な配分の条件を式で示しなさい．

②　上の交換経済において，各人が価格を所与として予算制約のもとで効用を最大化する競争均衡を考える．x, y の価格をそれぞれ p_x, p_y として，均衡の条件を式で示しなさい．

〔H15年度　上智大学（抜粋）〕

問題4

2 財 x, y と 2 個人 A, B，1 企業からなる生産経済において，各個人の効用関数と財の初期保有量ベクトル $e_i = (\bar{x}_i, \bar{y}_i)$ $(i=A, B)$ がそれぞれ，

$$u_A = x_A y_A^2, e_A = (570, 0)$$
$$u_B = x_B^2 y_B, e_B = (210, 0)$$

で示されるとする．企業は x 財から y 財を生産し，その生産関数が，

$$y = 10\sqrt{3x}$$

で示されるとする．また企業は利潤を最大にし，その利潤は均等に 2 個人に配当されるものとする．2 財の価格を P_x, P_y とするとき，以下の問に答えなさい．

①　各個人の需要の組合せ (x_i^*, y_i^*) を求めなさい．

②　企業の利潤最大化を満足する x 財需要量 x_j^* と y 財供給量 $\bar{y}$ を求めなさい．

③　y 財の超過需要関数 ED_y を求めなさい.

④　③より競争市場における 2 財の均衡価格比 (P_x/P_y) を求めなさい.

〔H18年度　一橋大学（改題）〕

第 **7** 章

供給独占市場

　前章では完全競争市場に関する問題を見ていく中で次の3点を明らかにしました．(1)　市場価格が需給一致によって決定される，(2)　市場価格が決定されるもとでの資源（競争均衡）配分がパレート最適である，(3)　完全競争市場において政府が間接税を導入すると社会的余剰が必ず減少する．本章と次章との関係でいえば，こうした結論が得られる理由の1つが夥しい数の消費者と生産者が同じ財を取引しようと市場に集うため，ある主体（消費者ないしは生産者）が市場動向に対して影響力を持つことが事実上不可能だからです．逆に言えば，前章で前提した完全競争市場の成立条件の1つでも満たさなければ，ある主体が市場に対して影響力を持ったり，均衡での資源（競争均衡）配分がパレート最適にならない可能性があるということです．

　本章と次章では，前章で示した完全競争市場の成立条件のうち(2)が否定される状況を中心に扱っていきます．一般にこの状況を**不完全競争市場**といいます．そして本章では完全競争市場と正反対の極端な状況として，ある市場に財を提供する生産者が1社しか存在しない**供給独占市場**[1]に関連する問題を解いていくことにします．

1．基本的解法

例題1

　ある財の需要関数が $X = 160 - p$（X：需要量，p：価格）で与えられており，この財は独占企業によって供給されている．独占企業の費用関数は，$C = Q^2/2 + 10Q$（C：総費用，Q：供給量）であるとする．

---

1)　これに対して，財の消費者が1人しか存在しない市場を**需要独占市場**といいます．

①　均衡価格はいくらになるか.

　(1)　50　　　(2)　85　　　(3)　110　　　(4)　150

②　①で求めた独占による死荷重はいくらか.

　(1)　500　　　(2)　625　　　(3)　750　　　(4)　825

〔H15年度　立命館大学（改題）〕

　市場に財を提供する生産者数の多寡に関係なく，生産者の目的は第5章で定義した利潤最大化です．しかし生産者数が極端に少ない場合，生産量を増減させることで生産物価格にかなりの影響を与えることができるはずです．利潤最大化を目的にする生産者が生産物価格への影響を無視して生産量を制御するわけがない．つまり生産者が極端に少ないという前提は，第5章のように生産物価格を所与として最大化問題を解いてはならないことを意味します.

　①　そのために問題文にある需要関数において X を Q に置き換えた上で価格について解きます．これ $(p=160-Q)$ を**逆需要関数**といい，これと費用関数を用いて，

$$Maximize \quad \pi = (160-Q)Q - \frac{1}{2}Q^2 - 10Q$$

$$= -\frac{3}{2}Q^2 + 150Q \tag{7-1}$$

と利潤関数が定義されます．よって一階の条件より生産量は $Q^*=50$ と容易に求まり，これを逆需要関数に代入して価格は $p^*=110$，つまり選択肢(3)が正解になります.

　②　均衡が分かっていますので，(6-15)式より独占での消費者余剰は1250,(6-16)式より生産者余剰は3750（この例題での固定費用はゼロであることに注意），よって社会的余剰は両者の合計である5000となります.

　他方この財が完全競争市場で取引されたとします．その際生産者の持つ生産技術は問題文の費用関数で表されるとします．すると供給関数は限界費用と価格の均等式 $p=Q+10$ で与えられます．このときの市場均衡 $(\overline{Q}, \overline{p})$ は (75, 85) となり，(6-15)式および(6-16)式より社会的余剰は5625となります．ゆえにこの財が独占企業によって提供されるときの社会的余剰の減少分，すなわち

死荷重は625となり，選択肢(2)が正解となります．

　ここで死荷重が図のどこに位置するのかを確認しておきます．その準備作業として，(7-1)式を微分する際に，売上部分と費用部分に分けて計算します．

$$(160-2Q)-(Q+10)=0$$

ここで左辺最初の括弧内は，生産量の微小変化に対して売上がどの程度変化するかを表す**限界収入**（以下 mr とする），次の括弧内は限界費用 mc を表します．つまり独占企業の利潤が最大になっているもとで，mr と mc が等しいことが必要となります．

　これを図にしたものが図7-1です．この図より mr と mc の交点Gで生産量が決まり，これが全て販売できるように価格が設定され，ゆえに供給独占市場の均衡点は図のF点で示されます．他方この財が完全競争市場で取引されるのならば，需要曲線と mc の交点Eが均衡になります．よって死荷重625は △EFG で示されます．

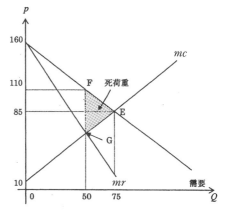

図7-1　供給独占市場による死荷重

例題2

　ある財の市場需要曲線が $D[p]=a-p$ で与えられているとしよう．ただし p は価格，$D[p]$ は需要量であり，$a>0$ である．この市場は独占企業によって支配されており，その企業の費用関数は $C[Q]=Q^2$ で与えられているとしよう．なお $C[Q]$ は総費用であり，Q は産出量である．

①　独占企業の利潤を最大にする財の産出量，対応する価格および利潤を求めなさい．

②　価格 p と限界費用 MC を使用して，ラーナーの独占度の定義式を表しなさい．この独占度は需要の価格弾力性 ε の関数になることを示しなさい．そして，①に対応するラーナーの独占度を求めなさい．

> ③　独占によってこの市場で発生する社会的余剰の損失はいくらになる
> か？
>
> 〔H15年度　大阪市立大学〕

①　需要量 $D[p]$ を Q に置き換えて例題 1 の手法にしたがえば，この問題
の利潤関数は，

$$Maximize \quad \pi = -2Q^2 + aQ$$

と定義できます．一階の条件より $Q^* = a/4$，これを需要関数に代入して $p^* = 3a/4$，よって Q^*, p^* を目的関数に代入して，最大利潤は $\pi^* = a^2/8$ となります．

②　問題文にある**ラーナーの独占度**を θ とおくと，この定義式は，

$$\theta \equiv \frac{p - mc}{p} \tag{7-2}$$

で与えられます．そしてこれが ε の関数であることを証明します．そのため
に，逆需要関数を $p = P[Q]$（ただし $P'[Q] < 0$），費用関数を $C[Q]$ と一般形
で表記しておきます．

さて**需要の価格弾力性**とは第 2 章例題 8 でみた代替の弾力性と同様の概念で，
価格が 1 ％変化したときに需要量が何％変化するかを表す指標で，逆需要関数
から，

$$\varepsilon \equiv \left| \frac{dQ/Q}{dp/p} \right| = -\frac{P[Q]}{P'[Q]Q} \tag{7-3}$$

となります．[2) このことに注意して利潤関数 $\pi = P[Q]Q - C[Q]$ の一階の条件
を計算します．

$$\pi' = 0 \Leftrightarrow P[Q] + P'[Q]Q - mc[Q]$$
$$= P[Q]\left(1 + \frac{P'[Q]Q}{P[Q]}\right) - mc[Q]$$
$$= P[Q]\left(1 - \frac{1}{\varepsilon}\right) - mc[Q] = 0$$

ここから(7-2)式に合わせて変形すると，

$$\theta = \frac{P[Q] - mc[Q]}{P[Q]} = \frac{1}{\varepsilon} \tag{7-4}$$

---

2)　実際の計算は，$y = f[x]$ における逆関数の微分公式，$dx/dy = 1/f'[x]$ を使っていま
す．

となり，θ は ε の逆数になることが分かります．この例題では $P'[Q]=-1$，$Q=a/4$，および $p=3a/4$ だから，①に対応するラーナーの独占度は 1/3 となります．

③　例題1の②と同じ手順で計算します．この財が独占企業によって提供される場合の社会的余剰は(6-15)式，(6-16)式より $5a^2/32$ となります．他方この財が完全競争市場で取引される場合，供給曲線が $p=2Q$ であることから，均衡取引量は $\bar{Q}=a/3$ となります．これと(6-15)式および(6-16)式から，このケースでの社会的余剰は $a^2/6$ と計算できます．よって独占によって生じる死荷重は，両者の差を取った $a^2/96$ となります．

2．応用例

完全競争市場と供給独占市場（どちらも極端な例ですが）を比較した場合，唯一の生産者である独占企業によって財が提供されると社会的余剰が必ず減少してしまう，言い換えると，財を提供する生産者数が極端に少ないという事態は社会的に望ましくありません[3]．その理由は，まさにこの独占企業以外に誰も当該財を提供する生産者が存在しないという事実によって，生産量が完全競争市場と比べて少量しか市場に供給されず，必然的に価格が高くなります（2つの例題から明らか）．このことによって，消費者余剰が確実に低くなってしまうからです．

次に，ちょっと虚を突いた例題をみていくことにしましょう．

例題3

いま，短期の「独占」企業を考えるとする．この独占企業は以下の需要関数と費用関数に直面しているとする．

$$需要関数：D=22-P$$
$$費用関数：C=mY^2+1$$

（D：需要量，P：価格，C：総費用，Y：供給量，m：生産効率を表すパラメーター．なお各変数は全て非負である．）

3）　これが，**独占禁止法**が制定される理由を経済学的に説明したものです．

① 生産量および価格を計算しなさい.
② パラメーター m が価格に与える影響について調べなさい.
③ パラメーター m が消費者余剰に与える影響について調べなさい.

〔H17年度　滋賀大学（改題）〕

① これまでに解いた例題の手法をそのまま利用して，最大利潤に対応する生産量と価格の組合せは，

$$(Y^*, P^*) = \left(\frac{11}{1+m}, \frac{11(1+2m)}{1+m} \right) \tag{7-5}$$

と求められます.

②③ $dP^*/dm = 11/(1+m)^2 > 0$ より，P^* は m の増加関数であることが分かります（②の答）.他方(6-15)式および(7-5)式より消費者余剰は $CS = 121/2(1+m)^2$ で示されます.よって，微分するまでもなく CS は m の減少関数であることが分かります（③の答）.

パラメータ m の経済学的解釈ですが，この値が大きい（小さい）ほど，同一生産量のもとで限界費用が高く（低く）なるという意味で生産者の持つ技術の効率性を表しています.つまり独占企業の技術効率が悪い（良い）ほど価格は高く（低く），消費者余剰は小さく（大きく）なるということです.明示的な競争相手の存在しない独占企業とて生産するには費用がかかりますので，それを回収するに足る価格を設定する必要があります.だから独占企業にとれば，技術効率の悪い状況下なら価格を必然的に上げざるを得ず，それが生産量の縮小を招きます.そして(6-15)式から，この事態は消費者余剰の低下を必然的に引き起こすのです.以上を踏まえると，生産者の生産効率が消費者にとっても如何に重要なのかが理解できるかと思います（もちろんこの話自体は独占企業に限った話ではありません）.

例題 4

独占企業が 2 期間にわたって独占的供給をする状況を考える.第 1 期に，第 1 市場にて q_1 を供給する.第 2 期に，第 2 市場にて q_2 を供給する.各市場の逆需要関数は，

$$p_1 = a - q_1$$
$$p_2 = a - q_2 + bq_1$$

で与えられる（p_i：第 i 市場の価格．なお $i=1, 2$）．パラメーター b は，第 1 市場の供給量が第 2 市場の需要に及ぼす効果を表す．この独占企業は，費用関数 $C_i = cq_i$ に直面している（C_i：総費用，c：単位費用を表すパラメーター）．独占企業は，両市場で獲得される利潤の和を最大化するように供給量ベクトル $(\hat{q}_1, \hat{q}_2)$ を決定する．

　パラメーター b に関する以下の 3 つのケースについて，この供給量ベクトル $(\hat{q}_1, \hat{q}_2)$ を全て求めよ．

①　$b=-1/2$　　②　$b=0$　　③　$b=1/2$

〔H13年度　東京大学（改題）〕

ここでは b の値が確率的に変動するケースは考えていません．だからこの独占企業は，第 2 期の需要変動を見越した（すなわち b の値を正確に知った）上で各期の生産量を制御するはずです．そこで両市場の利潤を個別に定義しましょう．各市場における利潤関数はそれぞれ，

$$\pi_1 = -q_1^2 + (a-c) q_1$$
$$\pi_2 = -q_2^2 + (a+bq_1-c) q_2$$

です．両者の和を Π としますと問題文にしたがって，

$$Maximize \quad \Pi \equiv \pi_1 + \pi_2$$

が目的関数として定義されます．ここから q_i に関する一階の条件を求めます．

$$\frac{\partial \Pi}{\partial q_1} = 0 \Leftrightarrow a - 2q_1 - c + bq_2 = 0$$

$$\frac{\partial \Pi}{\partial q_2} = 0 \Leftrightarrow a + bq_1 - 2q_2 - c = 0$$

ここから q_1, q_2 に関する連立方程式が得られ，求める供給量ベクトルは一般に，

$$(\hat{q}_1, \hat{q}_2) = \left(\frac{a-c}{2-b}, \frac{a-c}{2-b} \right) \tag{7-6}$$

と計算できます．この式を見れば分かる通り各期で同量を生産しますので，求める答えは b の値の 3 つのケースに応じて，①　$2(a-c)/5$，②　$(a-c)/2$，③　$2(a-c)/3$，となります．

　この結果から，第 1 期の生産量に応じて第 2 期の需要に変動があることが十分わかっているとき，独占企業は需要の変動に合わせた生産量決定をするのではなく，同量の生産を行うことで需要変動から生じる生産量変動を抑制します[4]．またパラメーター b が大き（小さ）くなるほど第 2 期の需要が大き（小さ）くなりますから，それだけ生産量が拡大（縮小）することが分かります．

3．差別価格政策とその規制

例題 5

　あなたは 2 つの市場 (1, 2) で製品を販売できる独占企業の社長だとしよう．逆需要関数はそれぞれ，

$$p_1 = 300 - (1/2)\,q_1$$
$$p_2 = 200 - (1/2)\,q_2$$

である．費用関数は，

$$C = 23000 + 100\,(q_1 + q_2)$$

である．p_1, p_2, q_1, q_2 はそれぞれの市場における販売価格と供給量，C は総費用である．なお市場間での財の転売は不可能だとする．

① それぞれの市場で販売価格をどのように設定するか．

② 両市場で異なる価格を設定することが政府によって禁止されたとしよう．供給量はどうなるか．

③ 価格差別の禁止と呼ばれるこのタイプの政府の干渉は望ましいか．

〔H12年度　東京大学〕

---

4)　それぞれのケースにおける各期の価格ベクトル $(\hat{p}_1, \hat{p}_2)$ は，

① $(\hat{p}_1, \hat{p}_2) = ((3a+2c)/5, (2a+3c)/5)$

② $(\hat{p}_1, \hat{p}_2) = ((a+c)/2, (a+c)/2)$

③ $(\hat{p}_1, \hat{p}_2) = ((a+2c)/3, (2a+c)/3)$

と計算できます．第 2 期の需要変動のない②のケースでは価格の変動は（もちろん）ありません．しかし，第 2 期の需要が減少する①のケースでは第 2 期の価格は（第 1 期の価格に比べて）確実に低下し，第 2 期の需要が拡大する③のケースでは第 2 期の価格は（第 1 期の価格に比べて）確実に上昇します．生産者に将来の需要変動が十分予測できるとき，需要変動に対する対応は数量変化ではなく，価格変化で行っているということが分かります．

① ある工場で生産された財を2つの（地理的に）異なる市場で同時に販売している独占企業を考えています．この独占企業は2つの市場から売上を得ているので，これを問題に即して定式化すればいいわけです．問題文にある諸式をこれまで通り利用して整理すると，

$$Maximize \quad \pi \equiv p_1 q_1 + p_2 q_2 - C$$

$$= \left(-\frac{1}{2} q_1^2 + 200 q_1 \right) + \left(-\frac{1}{2} q_2^2 + 100 q_2 \right) - 23000 \qquad (7\text{-}7)$$

と目的関数を定義できます．ここで(7-7)式右辺第1項が第1市場へ販売したときに得られる粗利潤，第2項が第2市場へ販売したときに得られる粗利潤，第3項が固定費用をそれぞれ表しています．この財が市場間で転売できないから当然ですが，各市場で得られる利潤の中に他市場の生産（すなわち販売）動向は含まれません．その意味で例題4のような供給量の相互作用はありませんから，各市場の利潤最大化を個別に解けばいいわけです．一階の条件より，各市場における供給量の組合せは $(q_1^*, q_2^*) = (200, 100)$ と計算でき，ゆえに $(p_1^*, p_2^*) = (200, 150)$ の価格の組合せが求められます．このように同じ財を生産する独占企業が複数の地域へ販売する際，その価格は（同じ財であっても）地域間で等しくなる必然はありません．[5] しかもそれが独占企業によって実施されているので，このことを**差別価格政策**（あるいは**第二種価格差別**）[6] といいます．

---

5) この帰結は，前章で指摘した一物一価の法則が成立しない事例として重要です．
　ではなぜ，複数の市場に財を提供する独占企業が差別価格政策を行うのでしょうか．例題2の②で示した手法で解説します．第 i 市場の逆需要関数を $p_i = P_i[q_i]$ $(i=1,2)$ とし，$q_1 + q_2 \equiv Q$ を独占企業が生産する財の総量として費用関数を $C[Q]$ とします．このとき例題2にしたがって一階の条件を整理すると $p_i(1-1/\varepsilon_i) = mc[Q]$ と示すことができます．これは独占企業が財を提供するすべての市場で成立しますから，結局今のケースでは，

$$p_1(1-1/\varepsilon_1) = p_2(1-1/\varepsilon_2) = mc[Q]$$

に集約することができます．ここでもし $\varepsilon_1 = \varepsilon_2$ ならば $p_1 = p_2$ が成り立ち，差別価格政策は実施されません．しかし異なる地域に居住する消費者を前提にしていますから，需要の価格弾力性が一致する必然はありません．ゆえに需要の価格弾力性の違いが差別価格政策を生み出す原因の1つに挙げられるわけです．しかも弾力性が低い（高い）ほど，価格は高く（低く）なる性質を持つことも上式から明らかです．

6) この独占企業がすべての消費者の個別需要関数を知っているならば，独占企業は消費者個別に価格を設定することができるはずです．もしこれが実現できるならば差別

　さて以後の問題に答える準備作業として，この問題の答えを図にしてみましょう．それが図7‐2に示されています．各市場において導出される mr_i と $mc=100$ が等しくなるように各市場の供給量が決定されます．この点については供給独占市場の基本と同じですが，需要曲線が各市場で異なるために市場価格が市場で異なってしまうわけです．

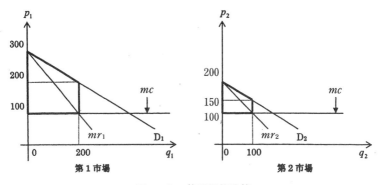

図7‐2　差別価格政策

　②　政府が市場間で異なる価格設定を禁ずるということは，市場に関係なく同一価格での販売を強要することを意味します．このような規制がかけられると，この独占企業は（地理上異なるはずの）2つの市場を1つの市場と見なして商品を販売せざるを得ません．そこで両市場の需要関数を1つの関数として表現し直してみます．この場合の財価格を p，2つの市場での供給総量を Q と表しますと，問題にある逆需要関数を需要関数にして両者を足します．

$$q_1 + q_2 \equiv Q = \begin{cases} 1000 - 4p & if \quad 0 \le p < 200 \\ 600 - 2p & if \quad 200 \le p \end{cases}$$

これを逆需要関数に戻して，

$$p = \begin{cases} 250 - (1/4)Q & if \quad 200 < Q \\ 300 - (1/2)Q & if \quad 0 \le Q \le 200 \end{cases} \tag{7-8}$$

となります．(7-8)式のように供給総量に応じて2つの逆需要関数が存在する理

　　価格政策が徹底して行われることになり（その結果，消費者余剰がゼロになる），この
　　状況を**第一種価格差別**といいます．
　7）　念のために．$mr_1 = 300 - q_1, mr_2 = 200 - q_2$ です．

由は以下の通りです．たとえば，供給総量が200以下のもとでも両市場で同じ価格を設定しなければなりませんが，このときの価格は確実に200を上回ります．この価格において第1市場では財が取引できるのに対して，第2市場では価格が高すぎて誰も買ってくれません．したがって第2市場でも商品が販売できるためには供給総量を200より大きく，ゆえに価格を200未満に設定しなければなりません．

　もちろん政府が規制によって第2市場において財が取引されない結果を望むわけがありません．そこで供給総量が200より大きいケースのみを扱うことにします．このとき逆需要関数は(7-8)式より $p=250-(1/4)Q$ ですから，これと問題文の費用関数から，

$$Maximize \quad \pi = -\frac{1}{4}Q^2 + 150Q - 23000$$

と目的関数が定義できます．ここから供給総量は $Q^{**}=300$ となり，①と比較すると各市場に供給される財の総量としては同じになります．しかし価格は両市場で一律 $p^{**}=175$ となることを通じて[8]，第1市場では $q_1^{**}=250$，第2市場では $q_2^{**}=50$ の財が取引される結果となります．つまり規制の有無で供給総量は不変なのですが，各市場で取引される数量が変わってくるのです．この様子は図7-3に描かれています．

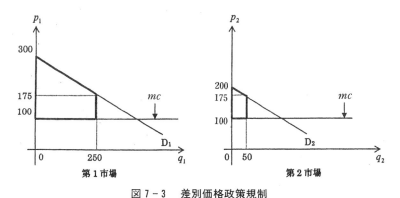

図7-3　　差別価格政策規制

---

8)　偶然にもこの値は，差別価格政策を維持したときの各市場で成立する均衡価格の平均値になっています．

③ ところで政府が差別価格政策を禁止すると，独占企業の利潤はどうなるのでしょうか．差別価格政策への規制がない場合，実現する最大利潤は①の計算結果から2000であるのに対して，規制があると②で計算した結果を用いれば最大利潤は－500となります[9]．つまり差別価格政策に規制をかけることは，独占企業にとって望ましくない結果をもたらします．しかしそのことが社会にとって望ましくないかどうかは分からない．このことを調べろというのがこの問題の意図です．

そこで①と②の計算結果から各ケースにおける社会的余剰を計算してみましょう．それが表7-1にまとめられています．まず差別価格政策の規制がない場合，消費者余剰は(6-15)式より2つの市場の合計で12500，生産者余剰は(6-16)式より25000ですから，2市場を合わせた総社会的余剰は37500となります．他方差別価格政策が規制された場合では，消費者余剰合計16250および生産者余剰22500より，総社会的余剰は38750となります．もし政府が総社会的余剰をより大きくする目的でこの規制をかけるとしたら，その目的は首尾よく実現で

		(q_i^*, p_i^*)	π^*	CS	PS	総社会的余剰
規制なし	第1市場	(200,200)	2000	10000	25000	37500
	第2市場	(100,150)		2500		
規制あり	第1市場	(250,175)	－500	15625	22500	38750
	第2市場	(50,175)		625		

表7-1 差別価格政策規制の比較

9) 差別価格政策を規制すると独占企業は必ず赤字に転落するわけではありません．そこには23000という固定費用の存在が大きく影響しています．もしこれがなければ，政府が差別価格政策を認めた場合25000，規制した場合22500の利潤がそれぞれ実現します．しかし，この規制によって独占企業の利潤は（規制実施の前後で黒字であっても）確実に小さくなってしまいます．
　ちなみに差別価格政策を禁止して独占企業が第1市場のみで財を販売することを許容した場合，実現する最大利潤は－3000で大きな赤字となってしまいます．このことから，独占企業は差別価格政策を規制されたからといって，第1市場のみで財を販売するという行動は自発的にとらないことが分かります．

きることが分かります．

　ただしその構造としては，差別価格政策の規制を通じて生産者余剰を消費者余剰に移転させているように見えますが，その実，需要規模の大きい市場により多くの財を販売させようとすることを含んでいます．実際，差別価格政策の規制によって第2市場の価格が（規制前に比べて）確実に上昇します．つまり差別価格政策規制が社会的に望ましいと結論できる裏には，独占企業はもちろんのこと需要規模の小さい市場の犠牲の上でもたらされていることが分かります．

練習問題

問題1

　需要曲線 $D=100-P$（D：需要量，P：価格）に直面する独占企業がある．独占企業の限界費用は40で一定である．この企業が，

(a)　利潤最大化を目指す場合，

(b)　売上高最大化を目指す場合，

(c)　社会的余剰の最大化を目指す場合，

のすべての場合について，①　供給量，②　価格，③　社会的余剰，を求めなさい．

〔H18年度　福島大学〕

問題2

　ある財の市場の需要曲線が，

$$d=90-p\quad（d：需要量，p：価格）$$

で示されるとする．この市場は独占企業によって支配されており，その企業の費用関数が，

$$c=\frac{x^2}{4}\quad（c：総費用，x：生産量）$$

で示されるとする．また市場への新規参入はないものとする．独占均衡に関する記述のうち誤っているものは次のうちどれか．

①　均衡における財の価格は54である．

② 均衡におけるラーナーの独占度は 2/3 である.

③ 均衡における企業の利潤は1620である.

④ 独占によって発生する社会的総余剰の損失は420である.

〔H18年度　一橋大学〕

問題 3

ある財市場の需要関数は $d=600-2p$ で与えられる. ただし d：需要量, p：価格, である. この市場に企業が 1 つ存在する. この企業の生産関数は $q=\sqrt{L}$ で与えられる. ただし q：生産量, L：労働投入量, である. 企業の固定費用＝0, 労働の賃金率＝1 であると仮定する. 以下の問に答えよ.

① この企業が完全競争企業として行動するとき, 市場の競争均衡価格と総余剰を求めよ.

② この企業が独占企業として行動するとき, 市場の独占均衡価格と総余剰を求めよ.

〔H19年度　広島大学〕

Hint：この問題から直接定義できる費用は「労働の賃金率×労働投入量」ですが, 問題の生産関数から生産量の関数として費用関数を定義できます. これを使って②を解いてください.

問題 4

ある製品を生産する企業が, 2 つの市場（市場 1 と市場 2）でその製品を販売する計画を持っている. この企業の費用関数ならびに2つの市場で直面する需要関数は,

$$費用関数：C=2000+10Q$$
$$市場 1 での需要曲線：Q_1=21-0.1P_1$$
$$市場 2 での需要曲線：Q_2=50-0.4P_2$$

である（ただし $Q\equiv Q_1+Q_2$：総生産量, C：独占企業の総費用, Q_i：市場 i $(i=1,2)$ での需要量, P_i：市場 i での価格）. この企業に関する設問に答えよ.

① この企業が 2 つの市場で同じ価格しか設定できないとき（$P=P_1=P_2$）, この企業の利潤関数を Q のみを変数として含む式で表しなさい.

② ①の状況で利潤を最大にする価格を求めなさい.

③　この企業が2つの市場でそれぞれ別の価格を設定できるとしたとき（$P_1 \neq P_2$），利潤を最大にする価格の組を求めなさい．

④　②と③それぞれの価格のもとでこの企業が得る利潤を求め比較しなさい．

〔H20年度　早稲田大学（抜粋）〕

第 **8** 章

産業組織論の基礎

　前章では供給独占市場に関する問題を見ていく中で，市場に財を提供する生産者数が極端に少なければ社会的余剰が完全競争市場に比べて確実に低くなることを確認してきました．それはまさしく，当該生産者以外に当該財を提供する生産者がいないという事実がもたらす帰結でした．とはいえ，完全競争市場とて構造は同じです．当該財の価格に影響を及ぼせないくらい数多くの生産者が市場取引に参加しており，彼らが相互にすべての行動を見越すことは事実上不可能です．だから当該財の価格と各生産者が持つ技術だけで生産量が決定できたわけで，その意味で完全競争市場もその実，競争はしていないと見ることができます．

　そこで本章では，前章から1つ生産者を増やした**供給複占市場**を中心に入試問題を解説していくことにします．この話の重要な点は，自らの最適化問題を解くに当たって他者の行動を考慮しなければならない所にあります．

1．同質財市場

　最初に同じ財を提供する2社が競争する状況から見ていくことにします．問題の構造上の特徴は複数の生産者が財を提供するのですが，その需要関数が1本しか与えられていません．これは消費者にとって当該財がどの生産者が製造したのかが識別できない状況にあることを示しており，これを**同質財市場**といいます．

1．1．基本的解法

例題1
　ある財の需要関数が $X = 160 - p$ で与えられているとする．ただし X：

需要量，p：価格である．この財をクールノー競争を行う2社（A社とB社）が供給していたとする．各企業の総費用曲線は同じで$C_i=q_i^2+10q_i$（$i=A,B$）であり，C_i：企業iの総費用，q_i：企業iの供給量とする．このとき，クールノー均衡での総供給量はいくらか．

   ① 30   ② 40   ③ 50   ④ 60

〔H15年度　立命館大学〕

生産者数が1社増えていますが，各生産者の目的は第5・7章と同じ利潤最大化です．でも2生産者数だけですから，彼らにはまだ価格に対する影響力を持つはずです．

これを念頭において目的関数を定義しましょう．需要関数のXを$Q\equiv q_A+q_B$に置き換えた上で逆需要関数に変形します．いま各生産者の費用関数が同一であるので，これと問題文にある費用関数から生産者iの利潤関数は，

$$Maximize \quad \pi_i=\{160-(q_i+q_j)\}q_i-q_i^2-10q_i$$
$$=-2q_i^2+(150-q_j)q_i$$

と定義できます（$j=A,B, i\neq j$）．ここで注意すべきは，生産者iの利潤関数が競合する生産者jの生産量に依存することです．ですがここでは，競合する生産者jが生産量を変えないと見なして自分の生産量を制御すると考えます[1]．すると一階の条件より，生産者iの最適生産量は生産者jの生産量を所与として，

$$q_i=-\frac{1}{4}q_j+\frac{75}{2} \tag{8-1}$$

と計算できます．(8-1)式は競合生産者の行動に対する（利潤最大化のための）一番望ましい反応を表しており，これを反応関数といいます．

さて，問題文にあるクールノー競争とは各生産者が生産量を同時に決定する状況であり，(8-1)式にもとづいて彼らは互いの行動をシミュレーションしていきます[2]．その結果各生産者は相互に一番望ましい行動，すなわち(8-1)式を同

---

1) 自然に考えれば，生産者iが生産量を動かすとき生産者jの生産量にも影響を与えるはずです．これに関する予測のことを推測的変動といい，この例題では推測的変動がゼロのケースに該当します（これをクールノーの仮定といいます）．
2) 別言すれば，相互に最善の行動をとっている状況から誰かが逸脱した行動を取る動機が存在しないことを表し，これをナッシュ均衡といいます．以下本章ではゲーム理論

時に満たす状況を見出せるはずです．よって各生産者の均衡生産量は(8-1)式を連立させて $q_A^* = q_B^* = 30$（これが**クールノー均衡**）と計算でき，総供給量は選択肢④の60となります．[3] このように，ある市場において各生産者が生産量を制御変数にして競争（これを**数量競争**という）する場合，相互に同じ生産技術（ここでは費用関数）をもつならば相互に同量の生産量に制御することが分かります．これを**対称均衡**といいます．

例題2

　ある財の市場において逆需要関数が $P[Q] = 38000 - 3Q$（Q：財の需要量）であり，2つの企業がこの財を供給するとしよう．2つの企業の費用関数は同一であり，$c[q] = 2000q$（q：生産量）とする．

① 　クールノー均衡における2つの企業の生産量の組 (q_1^*, q_2^*) を求めなさい．

② 　企業1を先導者，企業2を追随者とするとき，シュタッケルベルグ均衡における2つの企業の生産量の組 (q_1^{**}, q_2^{**}) を求めなさい．

〔H19年度　東北大学〕

---

① 　例題1と同じ手順で答えを出します．問題文にある逆需要関数および費用関数から，ここでの生産者 i（$i = 1, 2$）の利潤関数は，

$$Maximize \quad \pi_i = -3q_i^2 + (36000 - 3q_j)q_i \tag{8-2}$$

で定義され，一階の条件から生産者 i の反応関数は，

$$q_i = -\frac{1}{2}q_j + 6000 \tag{8-3}$$

で与えられます．ゆえにクールノー均衡は(8-3)式を連立して $q_1^* = q_2^* = 4000$ と計算できます．

② 　先導者（生産者1）とは一般に，相手に先んじて変数（ここでは生産量）を制御できる主体のことを指します．他方追随者（生産者2）は，先導者の行動を観察してから変数を制御する主体のことを指します．生産者2は先導

　関連の均衡概念がたくさん出てきますが，そのすべてはこのナッシュ均衡に該当します．

3）　これを逆需要関数に戻せば，価格は $p^* = 100$ となります．

者の行動を実際に観察したあと生産量を決めればいいので，考え方は①そのものです（∵生産者 1 は生産量を確実に変えない）．よって(8-2)式の最大化問題から，(8-3)式で生産者 2 の反応関数が導出できます．

では生産者 1 はどうか．生産者 2 に先んじて生産量を決定しなければならず，生産者 2 の行動を予測する必要があります．しかしその行動は(8-3)式で明らかです．つまり(8-3)式を通じて生産者 2 の行動は予測可能になり，生産者 1 はそれを見越して生産量を制御すればいいことになります．よって生産者 1 の利潤関数は(8-3)式を(8-2)式に代入した，

$$Maximize \quad \pi_1 = \left\{ 38000 - 3\left(q_1 - \frac{1}{2}q_1 + 6000 \right) \right\} q_1 - 2000q_1$$

$$= -\frac{3}{2}q_1^2 + 18000q_1 \tag{8-4}$$

と定義でき，q_1 のみの関数で与えられます．ここから $q_1^{**} = 6000$ と簡単に計算でき [4]，これを(8-3)式に代入して $q_2^{**} = 3000$ となります．こうして計算される (q_1^{**}, q_2^{**}) のことを**シュタッケルベルグ均衡**といいます．同じ生産技術を持つ供給複占市場であっても，生産量を制御する順番が異なると，各生産者の制御する生産量の組合せが異なることが分かります．

1．2．応用例

例題 3

市場逆需要関数が $p = 10 - Q$ であり，当初第 1 企業が独占的にこの財を供給しているものとする．ただし p は価格，Q は需要量である．第 1 企業の費用関数は $C_1 = 2q_1$ で与えられているものとする．ただし C_1 は第

4）　以上の計算から明らかなように，クールノー均衡での総生産量は8000，シュタッケルベルグ均衡でのそれは9000で，後者の方が大きくなります．この結果は必然的に，前者における価格 $p^* = 14000$ は後者における価格 $p^{**} = 11000$ よりも高くなることを意味します．なぜそうなるかといえば，シュタッケルベルグ均衡では追随者が後から生産決定してくれるので，先導者はより多くの生産シェアを確保できます．他方クールノー均衡の場合，同時に大量の生産量決定をする可能性があり，これによって必要以上に市場に財が流通すれば価格下落を通じて目的を達成できません．これを恐れて各生産者が生産量を（結果的に）手控えてしまうからです．

1 企業の総費用，q_1 は第 1 企業の生産量である．

① 価格と生産量を求めなさい．

② 上の市場に費用関数 $C_2 = q_2^2$ をもった第 2 企業が参入し，クールノーの意味で複占競争を行ったとする．この場合のクールノー均衡を求めなさい．

③ ①②それぞれのケースの均衡における消費者余剰を求め，比較しなさい．

〔H16年度　大阪市立大学（抜粋）〕

① 前章と全く同じです．今この市場を第 1 生産者が独占していますから，$Q = q_1$ として，

$$Maximize \quad \pi_1 = -q_1^2 + 8q_1 \tag{8-5}$$

を解き，答えは $(q^m, p^m) = (4, 6)$ となります（m は独占を表す上添え字）．

② 第 2 生産者が参入してきて，この市場が供給複占市場になるケースです．これによって第 1 生産者の利潤関数は，

$$Maximize \quad \pi_1 = -q_1^2 + (8 - q_2)q_1 \tag{8-6a}$$

に修正され，第 2 生産者のそれはこれまで通りに，

$$Maximize \quad \pi_2 = -2q_2^2 + (10 - q_1)q_2 \tag{8-6b}$$

で定義されます．ここから各生産者の反応関数の組合せが，

$$\begin{cases} q_1 = -(1/2)q_2 + 4 \\ q_2 = -(1/4)q_1 + 5/2 \end{cases}$$

となりますから，ここからクールノー均衡は $(q_1^d, q_2^d) = (22/7, 12/7)$ で与えられます（d は複占を表す上添え字）．この例題のように各生産者の持つ生産技術が異なれば，例題 1 のような競争形態であっても制御する生産量の組合せは（当然）同じにはなりません．

③ (6-15)式より，供給独占市場での消費者余剰は $CS^m = 8$，供給複占市場でのそれは $CS^d = 578/49 = 11.79\cdots$ と計算できます．よって②のケース，すなわち供給複占市場の消費者余剰が大きいことが分かります．

この理由は簡単です．①から②への市場構造の変化があったとき，生産総量は 4 から 34/7 に拡大し，必然的に価格が 6 から 36/7 に低下するからです．も

し①から②への変化を**規制緩和**とよぶならば，これは市場に多くの生産者を参加させ，競争を通じて生産総量の拡大（および価格の低下）を誘発する狙いがあると見ることができます．その結果は消費者余剰の確実な増大に結実し，消費者にとってより望ましい結果をもたらすことができるのです[5]．

例題4

企業1と企業2からなる複占市場において，市場逆需要関数が $p=a-Q$（p：価格，Q：需要量，$a>0$ はパラメータ）で示される．企業1の費用関数は $C_1=q_1^2$（C_1：企業1の総費用，q_1：企業1の生産量），企業2の費用関数は $C_2=cq_2^2$（C_2：企業2の総費用，q_2：企業2の生産量，$c>0$ はパラメータ）である．以下の問に答えなさい．

① クールノー均衡における企業1の生産量と企業2の生産量を答えなさい．

② 企業1と企業2が共謀し，2企業の利潤の合計を最大にするように行動すると考える．この場合の企業1の生産量と企業2の生産量を答えなさい．

③ ①②それぞれのケースの均衡における消費者余剰を求め，比較しなさい．

〔H18年度　大阪市立大学（改題）〕

---

① これまでの例題と全く同じです．

$$Maximize \quad \pi_1 = -2q_1^2 + (a-q_2)q_1 \tag{8-7a}$$

$$Maximize \quad \pi_2 = -(1+c)q_2^2 + (a-q_1)q_2 \tag{8-7b}$$

を解き，同じ計算手順を踏めば，

5）　ところが(6-16)式より①における生産者余剰は $PS^m=16$，②におけるそれは $PS^d=772/49=15.75\cdots$ であり，供給複占市場の方が小さくなります．なぜなら数量競争を通じて市場により多くの財が取引され，そのことで均衡価格が低下するからです（事実，①から②への変化によって第1生産者の利潤は16から $484/49=9.87\cdots$ に低下します）．でも社会的余剰から見れば，①における社会的余剰は24，②になると $27.55\cdots$ と増加します．よって生産者数の増大は社会全体で見れば望ましい結果をもたらすことが分かります．

$$(q_1^*, q_2^*) = \left(\frac{a(1+2c)}{7+8c}, \frac{3a}{7+8c} \right) \tag{8-8}$$

と計算できます。

② 2つの生産者が相互の利潤の合計を最大にするように各生産量を制御する問題です（なぜそうするかについては後述）。ここでは2つの生産者の利潤合計を Π としますと、(8-7)式より、

$$Maximize \quad \begin{aligned} \Pi &\equiv \pi_1 + \pi_2 \\ &= -2q_1^2 - 2q_1 q_2 - (1+c) q_2^2 + a(q_1 + q_2) \end{aligned}$$

で目的関数が定義できます。ここから一階の条件を計算します。

$$\begin{cases} \dfrac{\partial \Pi}{\partial q_1} = 0 \Leftrightarrow q_1 = -\dfrac{1}{2} q_2 + \dfrac{a}{4} \\ \dfrac{\partial \Pi}{\partial q_2} = 0 \Leftrightarrow q_2 = -\dfrac{1}{1+c} q_1 + \dfrac{a}{2(1+c)} \end{cases}$$

この連立方程式を解けば、最適生産量の組合せは、

$$(q_1^{**}, q_2^{**}) = \left(\frac{ac}{2(1+2c)}, \frac{a}{2(1+2c)} \right) \tag{8-9}$$

と求められます。

③ 2つのケースにおける生産総量の組合せは(8-8)式および(8-9)式より、

$$(Q^*, Q^{**}) = \left(\frac{2a(2+c)}{7+8c}, \frac{a(1+c)}{2(1+2c)} \right) \tag{8-10}$$

で与えられます。(6-15)式から2つのケースでの消費者余剰の大小比較は、

$$CS^* \gtreqless CS^{**} \Leftrightarrow \frac{2a(2+c)}{7+8c} \gtreqless \frac{a(1+c)}{2(1+2c)} \Leftrightarrow c \gtreqless -\frac{1}{5} \quad \text{（複号同順）}$$

という条件で決まります。ですが c に関する符号条件から必ず $CS^* > CS^{**}$ となります。その理由は上の条件式から明らかで、2つの生産者で共謀すると生産総量が（しない場合に比べて）必ず減少（ゆえに価格が上昇）してしまうからです。

さて一般に、複数の生産者が共謀して生産量を抑制させることを**数量カルテル**といいますが、なぜこんなことをするのでしょうか？それは単純明快、数量

---

6) ただし、（詳細は証明しませんが）この例題においてそう主張できるのは、パラメータ c の範囲が、

$$(-1+3\sqrt{57})/32 = 0.67\cdots < c < (1+3\sqrt{3})/4 = 1.54\cdots$$

カルテルを結ぶ方が利潤を高めることができるからです。そして例題 3 との関連で言うと、この結論は規制緩和が社会的余剰を望ましい方向に導く特効薬ではないということです。生産者を参入させるだけでそのまま放置すれば（数量）カルテルで競争を回避されかねず、規制緩和の狙いが首尾よくいかない可能性があります。だからこそ、（参入障壁を低める形で実施される）規制緩和を実効性のあるものにするためには、競争を行わせるための規制を強化しなければなりません。[7]

例題 5

ある財の市場の需要曲線が、

$$Q = 60 - p$$

（p：価格、Q：需要量）で示されるとする。この市場には 3 つの企業が存在し、それらの費用関数はすべて同一であり、

$$c_i = q_i^2 + 2$$

（c_i：企業 i の総費用、q_i：企業 i の生産量）であるとする。この 3 つの企業がクールノー競争を行うときの均衡価格と均衡生産量を求めなさい。

〔H17年度　東北大学〕

これまでの例題と異なって生産者数が 3 社に増えていますが、費用関数がすべての生産者で同一なので比較的簡単に答えを出せます。問題文にある需要関数と費用関数から、$Q \equiv q_1 + q_2 + q_3$ として生産者 i ($i = 1, 2, 3$) の利潤関数は、

$$Maximize \quad \pi_i = -2q_i^2 + (60 - q_j - q_k)q_i - 2$$

と定義できます（ただし $i, j, k = 1, 2, 3$　$i \neq j \neq k$）。ここから反応関数を導出しますが、ここでは生産量の同時決定を念頭において、連立方程式の形で表現します。

を満たすときに限られます。この条件は、(8-8)式および(8-9)式を(8-7)式に代入して計算される各ケースにおける各生産者の最大利潤、

$$(\pi_1^*, \pi_1^{**}) = (2(a(2+c)/(7+8c))^2, a^2c/4(1+2c))$$
$$(\pi_2^*, \pi_2^{**}) = ((1+c)(3a/(7+8c))^2, a^2/4(1+2c))$$

の大小比較を通じて導出できます。

7）　これが、**公正取引委員会**が設置されている経済学的根拠の 1 つです。

$$\begin{cases} 4q_1 + q_2 + q_3 = 60 \\ q_1 + 4q_2 + q_3 = 60 \\ q_1 + q_2 + 4q_3 = 60 \end{cases}$$

ここでフラメールの公式(1-6)式を使えば，各生産者の均衡生産量は $q_1^* = q_2^* = q_3^* = 10$ と計算できます．この結果と問題文の需要関数から，均衡価格は $p^* = 30$ となります．

2．差別化財市場

次に，（類似してはいても）厳密に異質な財が提供される供給複占市場に関する入試問題を見ていきます．これを**差別化財市場**とよびますが，問題の構造上の特徴は需要関数が競争する生産者に応じて個別に設定されていることです．

例題 6

　互いに代替的な財を生産する 2 企業，企業 A と企業 B の直面する需要関数が次式で与えられている．

$$D_A[P_A, P_B] = a - P_A + bP_B$$
$$D_B[P_A, P_B] = a + bP_A - P_B$$

ただし P_i：企業 i $(i = A, B)$ の価格で $0 < a, 0 < b < 1$，$D_i[P_A, P_B]$：価格が (P_A, P_B) のときの企業 i の直面する需要量である．また両企業の限界費用は一定で c，固定費用はゼロとする．このとき 2 企業が同時に価格を設定するとき，ナッシュ均衡となる価格の組合せを求めよ．

〔H16年度　上智大学（抜粋）〕

各生産者の限界費用が一定かつ同一という仮定から，ここでの費用関数は $C_i = cq_i$ と定義できます（ただし C_i は生産者 i の総費用，q_i は生産者 i の生産量）．ここから利潤関数は，$D_i[P_i, P_j] = q_i$ と置き換えた需要関数と先ほど定義した費用関数を用いて，

$$Maximize \quad \begin{aligned} \pi_i &= (P_i - c)(a - P_i + bP_j) \\ &= -P_i^2 + (a + bP_j + c)P_i - c(a + bP_j) \end{aligned}$$

で定義されます．これまでの例題と異なる所は各生産者の制御する変数か価格

であるという点です．なぜならここでは厳密に異質な財が取引される状況ですから，仮に競合する生産者よりも高い価格を設定したとしても，すべての消費者が当該財を需要しなくなる状況にはないからです．とはいえ，生産者 i の利潤関数が生産者 j の変数に依存する構造はこれまでの例題と同じです．そこでクールノー競争のときと同様に，競合する生産者が（過去に行った）価格決定を変えないと見なして自らの価格を制御する状況を考えます．すると一階の条件より，生産者 i の価格は生産者 j の価格を所与として，

$$P_i = \frac{b}{2}P_j + \frac{a+c}{2} \tag{8-11}$$

となるように制御します．これは競合する生産者の価格に対する当該生産者の望む対応を表す反応関数となっています．

　(8-11)式は競合する生産者の行動に対する自らの最善の対応ですから，クールノー均衡の場合と同様，最終的な均衡は各生産者が相互に最善の行動をとっている状態で定義され，これは 2 つの反応関数を同時に満たすとき成立します．よって各生産者の制御する価格の組合せは $P_A^* = P_B^* = (a+c)/(2-b)$ と計算でき，これを**ベルトラン均衡**といいます．[8]

例題 7

　類似した商品を販売する企業 1 と企業 2 の製品に対する逆需要関数は，

$$p_1 = \alpha - \beta q_1 - \gamma q_2$$
$$p_2 = \alpha - \gamma q_1 - \beta q_2$$

費用関数は，

$$C_i = \theta q_i$$

で示されているとする．ここで p_i は企業 i $(i=1,2)$ の製品価格，q_i は生産量，各パラメータ $\alpha, \beta, \gamma, \theta$ は正の定数であり，また $\beta > \gamma, a > \theta$ とする．

　① 　クールノー均衡における各企業の製品価格を求めなさい．

---

② 　クールノー均衡における製品価格はベルトラン均衡における製品価格よりも高いことを示しなさい.

〔H13年度　京都大学（改題）〕

① 　例題6と違って問題文には逆需要関数が仮定され，しかもクールノー均衡が前提となっています．この問題は，差別化財市場において各生産者の利潤最大化を達成するように生産量を制御する状況が考えられています.

この意図にしたがって利潤関数を定義しましょう．問題文にある逆需要関数および費用関数から，

$$Maximize \quad \pi_i = -\beta q_i^2 + (\alpha - \gamma q_j - \theta) q_i \tag{8-12}$$

で定義されます $(i, j = 1, 2, \ i \neq j)$. これは前節の各例題と同じ構造を持っていますから，一階の条件から生産者の反応関数を導出し，これをもとにクールノー均衡を計算します.

$$q_1^* = q_2^* = \frac{\alpha - \theta}{2\beta + \gamma}$$

これを問題文にある逆需要関数に代入して，答えを導出します.

$$p_1^* = p_2^* = \frac{\alpha\beta + (\beta + \gamma)\theta}{2\beta + \gamma} \equiv \tilde{p} \tag{8-13}$$

この計算結果から差別化財市場で数量競争を行っても，同じ費用関数および対称的需要構造を前提する限り，均衡は対称均衡になります．そこで次の問題のために(8-13)式で与えられる価格を $\tilde{p}$ としておきます.

② 　問題の意図は①の答えとベルトラン均衡で決定される価格との大小比較です．ベルトラン均衡を導出しようと思えば，例題6のように消費者行動が需要関数として集約できていなければなりません．ところがこの問題は逆需要関数で与えられています．だから答えに近づこうと思えば，問題の設定から需要関数を導出しなければなりません．そのために問題の逆需要関数を連立させてこれを求めます.

$$q_i = \frac{\alpha}{\beta + \gamma} - \frac{\beta}{\beta^2 - \gamma^2} p_i + \frac{\gamma}{\beta^2 - \gamma^2} p_j \tag{8-14}$$

以下では記号の煩雑さを避けるため $\alpha/(\beta+\gamma) \equiv a,\ \beta/(\beta^2-\gamma^2) \equiv b,\ \gamma/(\beta^2-\gamma^2) \equiv g$ と変換しておきます.

これができれば例題6と同じ手続きで計算できます．(8-14)式と問題の費用関数から，ここでの生産者iの利潤関数をv_iとしてこれを定義します．

$$Maximize \quad v_i = -bp_i^2 + (a + gp_j + b\theta)p_i - \theta(a + gp_j) \tag{8-15}$$

あとは例題6と同じ手順を踏んで，ベルトラン均衡を計算します．

$$p_1^{**} = p_2^{**} = \frac{a + b\theta}{2b - g} \equiv \hat{p} \tag{8-16}$$

そして(8-16)式で与えられる価格を$\hat{p}$としておきます[10]．

これで準備は整いましたので，2つの価格を大小比較します．その際，(8-16)式にある記号a, b, gを元に戻しましょう．

$$\tilde{p} - \hat{p} = \frac{\gamma^2(\alpha - \theta)}{4\beta^2 - \gamma^2} > 0$$

問題にあるパラメータの符号条件を通じて題意が証明されました．

3．考察

例題7の答えをみてみますと，何か奇妙な感覚を覚えます．厳密に異質な財を扱っている生産者でも対称的な需要の性質を持ち，生産技術にいたっては全く同一です．にもかかわらず，利潤最大化のために直接制御する変数が異なるだけでなぜ価格は異なるのでしょうか．ここでは，例題7の結果をもとにこれに関連するいくつかの点について考察してみたいと思います．なおここではパラメータγは負値もとりえ，かつ$|\gamma| < \beta$という仮定をおきます．

3．1．価格競争と数量競争の選択

第1に考えたいことは，どういった条件で競争するに当たっての制御変数が選択されるのかです．これを調べるために，(8-13)式を(8-12)式に，(8-16)式を(8-15)式にそれぞれ代入して最大利潤を求めます[11]．

$$\pi = \beta\left(\frac{\alpha - \theta}{2\beta + \gamma}\right)^2$$

---

9) ただし問題文のパラメータに関する想定から，$b > g$が成立します．

10) よってこのもとでの各生産者の生産量も同一になり，それは(8-16)式を(8-14)式に代入して，$q_1^* = q_2^* = b\{a - (b - g)\theta\}/(2b - g)$で与えられます．

11) ただし，価格および生産量が同じになることで各生産者の最大利潤も同じ水準になります．よって，ここでは生産者を区別する下添え字は省略します．

$$v = \frac{\beta(\beta - \gamma)}{\beta + \gamma}\left(\frac{\alpha - \theta}{2\beta - \gamma}\right)^2$$

そして両者の大小比較をします.

$$\pi \gtreqless v \Leftrightarrow (\beta + \gamma)(2\beta - \gamma)^2 \gtreqless (\beta - \gamma)(2\beta + \gamma)^2 \Leftrightarrow \gamma^3 \gtreqless 0 \quad (複号同順)$$

つまり $\gamma > 0$ $(\gamma < 0)$ ならば $\pi > v$ $(\pi < v)$ となり,各生産者は数量(価格)競争を選ぶことが分かります.

　こうなる理由を考えるに当たって,パラメータ γ を手掛かりに考えてみましょう.たとえば $\gamma > 0$ のとき (8-14) 式において $g > 0$ であって,これは第 4 章より,前提される 2 財が相互に粗代替財の関係にあることが分かります.逆に $\gamma < 0$ の場合は,前提される 2 財は相互の祖補完財であると判断できます.つまり,相互に粗代替(補完)財の関係にある差別化財が取引される市場においては数量(価格)を直接制御した方が,より多くの利潤を獲得できるということです.

　さらに突っ込んで考えてみます.ここでは各生産者の限界費用が θ_i で与えられ,生産技術が異なるケースを検討しましょう.このときベルトラン均衡は (8-16) 式から,

$$p_i = \frac{(2b + g)a + 2b^2\theta_i + bg\theta_j}{4b^2 - g^2}$$

に修正されます.ここで競合する生産者 j が何らかの方法で θ_j を引き下げたとします.このとき $\partial p_j / \partial \theta_j = 2b^2 / (4b^2 - g^2) > 0$ だから,生産者 j の価格は確実に低下します.他方生産者 i の価格は $\partial p_i / \partial \theta_j = bg / (4b^2 - g^2)$ にしたがって変化します.ここでもし $\gamma > 0$ ならば $g > 0$ より,生産者 i の価格も低下します[12].こうして相互に粗代替財の関係にある財を生産する生産者において,ある生産者の限界費用削減を伴う価格低下は競合する生産者の価格低下を必ず誘発し,値下げ競争に拍車がかかる可能性があります.こうした過激な値下げ競争を回避するために,粗代替財を生産する各生産者は数量競争を望むのです.

　逆に $\gamma < 0$ ならば θ_j の低下を伴う生産者 j の価格引き下げは生産者 i の価格

---

12)　これは,外生的要因(ここでは限界費用を表すパラメータ)の変化が主体の制御変数を同じ方向に変化させることを意味しており,主体間のこうした関係を**戦略的補完関係**といいます.

低下を誘発しません[13]．だから祖補完財の場合には，（数量競争に比べて価格が低くとも）価格競争が選択されるのです．

3.2. 同質財市場における価格競争

　ところで例題 7 では，同様の市場において生産量を制御する問題と価格を制御する問題との比較を行いました．「なるほど」と思う反面，「おや？」と思われたかもしれません．それは，「同質財を取引する供給複占市場においてなぜ価格が制御変数とならなかった」のでしょうか？次にこのことについてみていきましょう．

　そのために，(8-16)式にある a, b, g を元に戻して表現します．

$$\hat{p} = \frac{(\beta - \gamma)\alpha + \beta\theta}{2\beta - \gamma}$$

例題 7 に想定されている逆需要関数と第 1 節の各例題と比較すると，ここでの同質財とは $\beta = \gamma$ のケースに該当します．そこで上式に $\beta = \gamma$ を代入すると $\hat{p} = \theta$，つまり限界費用に一致した価格を設定します．この結果は財を提供する生産者数が少ない状況であっても，①取引される財が同質である，②各生産者が価格競争を行う，これらの条件が重なるとき，完全競争市場と同じ帰結をもたらすことを意味します．このことを**ベルトラン・パラドックス**といいます．

　同質な財が取引されていると仮定することは，消費者がどの生産者が製造した財なのかを全く区別できません．この状況下において消費者がどの生産者から購入するかといえば，ズバリ「価格の低い方」これにつきます．こう考えている消費者を相手にしている 2 つの生産者は，競合相手よりも少しでも安い価格を設定すればすべての消費者を（競合相手から）奪い取ることができます．もちろん，少しでも競合相手よりも高い価格を設定すれば消費者から全く相手にされないのは言うまでもありません．こうして，同質の財が取引される市場において価格を制御変数にすると，そこに参加するすべての生産者が競合相手からすべての顧客を奪取すべく，限界費用の低下を伴わない値下げ競争に走り，

---

13)　これは戦略的補完関係と反対の結果ですので，これを**戦略的代替関係**といいます．

それは利潤がゼロのところまで過激に行われてしまうのです[14].

練習問題

問題1

　限界費用と平均費用がともに一定値である対称的な2つの企業（企業1，企業2）が存在する．両企業の単位費用を $c_1 = c_2 = 1$ とし，生産量を x_1, x_2 とあらわす．逆需要関数を $P = 10 - (x_1 + x_2)$ と仮定する．このとき成立するクールノー均衡における価格，両企業の生産量を求めなさい．

〔H17年度　神戸大学〕

問題2

　逆需要関数が，$p = A - BQ$（p：価格，Q：市場の総需要量，A, B：正の定数），費用関数が $C = c \times$ 当該企業の生産量（C：総費用，c：正の定数）と表される財の市場について，次の問に答えよ．

　①　この財が独占企業によって供給されるとき，利潤を最大にする独占価格を求めよ．

　②　①のもとでの消費者余剰の大きさを求めよ．

　③　この財が同一の技術（上記費用関数）をもつ2つの企業（企業1と企業2）によって生産され，両企業が生産量を同時に決定するクールノー競争を行う場合，クールノー均衡で選ぶ生産量を求めよ．

　④　この財が同一の技術（上記費用関数）をもつ2つの企業によって生産され，両企業がベルトラン競争を行うとする．その際，ベルトラン均衡で選ぶ価格を求めよ．

　⑤　④のもとでの消費者余剰の大きさを求めよ．

〔H20年度　早稲田大学（抜粋）〕

---

14)　もちろんこの結論は参加する全ての生産者の生産技術（＝費用関数）が同一であることが前提であって，もしこの前提が崩れれば，一番生産技術の優れた企業のみが勝ち残る結果となります．裏を返せば相当な低コスト構造の生産者でない限り，価格競争は長期間持続することは不可能なことを如実に表しています．

問題3

　需要曲線 $p=15-3Q$ を持つ市場に，一定で同一の限界費用 $MC=7$ をもつ企業3社が存在する．企業1がまず生産量を決め，それを見て残りの企業が同時に生産量を決めるものとする．このとき各企業の生産量の組合せを求めよ．

〔H14年度　東京大学（抜粋）〕

問題4

　ある市場が2つの企業（企業1，企業2）で占められているとする．各企業の生産費用は $c_i=y_i\ (i=1,2)$ とする（y_i は企業の生産量）．また企業 i は，以下のような逆需要関数に直面しているとする．

$$p_i=2-y_i-by_j \quad i,j=1,2 \quad j\neq i$$

p_i は企業 i の生産物に対する価格である．これらの企業が数量（クールノー競争）を行った場合のナッシュ均衡を考える．$b=0$ のときの企業1の生産量 $y_1[0]$，$b=1/2$ の場合の企業1の生産量 $y_1[1/2]$，$b=1$ の場合の企業1の生産量 $y_1[1]$ の関係について正しいものを次の選択肢から選びなさい．

① $y_1[1]<y_1[0]<y_1[1/2]$　　② $y_1[0]<y_1[1/2]<y_1[1]$

③ $y_1[1]<y_1[1/2]<y_1[0]$　　④ $y_1[1/2]<y_1[0]<y_1[1]$

〔H20年度　一橋大学〕

問題5

　同質財市場において n 企業がクールノー数量競争を行っている．企業の費用条件は異なっており，n 企業のうち $(1-\alpha)n$ 企業の限界費用を c_l，αn 企業の限界費用を c_h（ただし $0<c_l<c_h<1$ となる定数）とおく．また α は $0<\alpha<1$ を満たす定数である．市場需要関数は，$p=1-Q$（ただし Q は市場全体の需要量）である．したがって，

$$Q=\sum_{i\in H}q_i+\sum_{j\in L}q_j$$

（ただし H,L は高コスト企業および低コスト企業の集合）である．固定費用はなく，低コスト企業 $i\,(i\in L)$ の利潤は $(p-c_l)q_i$，高コスト企業 $j\,(j\in H)$ の利潤は $(p-c_h)q_j$ である．以下の各問に答えなさい．

　① 同じ費用条件に服する企業は同じ生産量を選択する（同一費用条件の企業間では対称均衡となる）ものと仮定する．この場合の高コスト企業およ

び低コスト企業の均衡生産量，およびこの市場で成立する均衡価格を求め
なさい．

② 　この市場で高コスト企業が非負の生産を行うために c_h が満たすべき条
件を示しなさい．また，企業数 n の増加が高コスト企業に与える影響を
説明しなさい．

③ 　いま高コスト企業群がすべて市場から撤退したとしよう．したがって，
市場で生き残っている低コスト企業の数は $(1-\alpha)n$ である．このとき成
立する低コスト企業の均衡生産量，および均衡価格を求めなさい．そして
①で求めた場合と比較して，均衡価格にどのような違いが見られるか．ま
た，その厚生上の意味について説明せよ．

〔H19年度　一橋大学〕

第 ⑨ 章

市場の失敗と公共部門の役割

　前２章では財を提供する生産者数が極端に少ない状況（独占や複占）を見てきました．そこでの帰結の１つが，生産者数が少ないという形で完全競争市場の前提が崩れると社会的余剰で見て望ましい結果をもたらさないことでした．一般に，何らかの理由で市場機能（および価格決定を通じた資源配分）に不備がある状況を**市場の失敗**といいます．もちろん市場の失敗をもたらす原因は市場参加者が極端に少ない状況に求められるだけでなく，さまざまな状況があります．そして政府に代表される**公共部門**が必要だと言われる理由の１つに，この市場の失敗が挙げられます．本章では公共部門の役割が重視される事象を扱った入試問題についてみていくことにします．

１．外部不経済

　たとえば生産や消費過程で発生する廃棄物（ないしは汚染物質）を考えます．これは一般に生産や消費に不要なものであり，環境中にそのまま放出される傾向にあります．もし廃棄物が自然の働きで環境中に吸収されればいいけども，吸収されず環境中にそのまま蓄積されると，われわれに対して何らかの影響を及ぼしかねません．ここで重要なことは，廃棄物がわれわれに影響をおよぼす際に市場を介さないということです．廃棄物に代表されますが，市場を介さずに経済主体に直接悪い影響を及ぼす状況を**外部不経済**といいます[1]．この解消に当たっては経済活動に参加する主体の直接的行動で達成するのは難しく，第３者すなわち公共部門による調整が必要になります．本節ではこれに関わる例題を見ていくことにしましょう．

---

1)　反対に市場を介さず直接いい影響を与えるものが存在する状況を**外部経済**といい，これらを総称して**外部性**（あるいは**外部効果**）といいます．

例題1

　ある企業が財を生産するのに伴う排気により大気汚染をもたらし，外部不経済を発生させているとする．この企業の私的限界費用曲線と社会的限界費用，およびこの企業が生産する財への需要曲線は次のように示される．

　　　　　私的限界費用　$PMC = 60 + 3Q$

　　　　　社会的限界費用　$SMC = 60 + 5Q$

　　　　　需要　$P = 200 - 2Q$

ただしQ：生産量，P：生産物価格とする．以下の問題に答えなさい．

① 　企業が私的に行動するときの均衡価格および取引量，そして社会的余剰を計算しなさい．

② 　企業が大気汚染によって生じる費用を全額負担するときの均衡価格および取引量，そして社会的余剰を計算しなさい．

③ 　ピグー的税政策により社会的最適を達成するために必要な従量税の値を求めなさい．

〔H12年度　龍谷大学（改題）〕

　解答に行く前に1点補足しておきます．第6章例題5にならって問題文にある2つの限界費用を，固定費用をFとしてそれぞれ不定積分します．

$$PC = \frac{3}{2}Q^2 + 60Q + F \tag{9-1}$$

$$SC = \frac{5}{2}Q^2 + 60Q + F$$

ここで$SC - PC = Q^2$であり，これが生産活動に伴う（ここでは）大気汚染から生じるさまざまな損害を表す**社会的費用**をさしています．この例題では，生産者がこの費用を負担しなければ消費者が実質負担する設定になっています．

　① 　生産者が私的に行動するとは，彼らが社会的費用を一切負担しない状況をさします．このとき市場均衡はPMCと需要曲線の交点で決まり，その組合せは$(Q_0, P_0) = (28, 144)$で与えられます．そしてこのケースでの社会的余剰は表9-1にまとめてあります．

2）　なおこのケースでは$Q_0 = 28$に対応する社会的費用$Q_0^2 = 784$は余剰計算から控除しなければなりません．

		CS	PS	社会的費用	税収	社会的余剰
社会的費用を	負担せず	784	1176	−784	−	1176
	負担する	400	1000	0	−	1400
ピグー税導入		400	600	−400	800	1400

表 9 - 1　社会的余剰の計算

② 　生産者が社会的費用を全額負担すると限界費用は SMC となり，これと需要曲線との交点でこのケースの均衡が決まります．これは $(Q_1, P_1) = (20, 160)$ で与えられます．よってこのケースでの社会的余剰も表 9 - 1 にまとめました．

③ 　①と②の答えを比較すると分かりますが，大気汚染という外部不経済を放置すると社会的余剰で見て必ず望ましくない結果をもたらし，これが市場の失敗になります．もし大気汚染に耐え切れないという声が大きくなれば，この財の生産を（裁判などを通じて）やめさせることも可能です．とはいえこの財自体は消費者にとって有益であり，生産を完全に停止させるのも難しい[3]．そこで第6章例題5のように生産された財に間接税を課税し，そこで得た税収で社会的費用を補塡する政策が考えられます．これを提唱者の名前をとって**ピグー税**といいます．

ここでの間接税は従量税を考えていますので，財1単位当たり従量税を t とします．そして第6章例題5にしたがって生産者行動を(9-1)式を使って解きなおします．

$$Maximize \quad \pi = PQ - \frac{3}{2}Q^2 - 60Q - F - tQ$$

ここから課税後の供給関数は，

$$P = 3Q + 60 + t$$

となり，これと問題文の需要曲線と連立させると $Q_2 = (140 - t)/5$ と計算でき

---

[3] 　大気汚染といった問題は工場周辺のごく限られた地域に限定される一方，財の消費者は広範囲に分布していると考えるのが自然です．だから工場周辺の消費者が裁判に訴えたとしても，大気汚染の影響を直接受けていない消費者たちは（同情はすれど）生産抑制を積極的に支持しない可能性が十分考えられるからです．

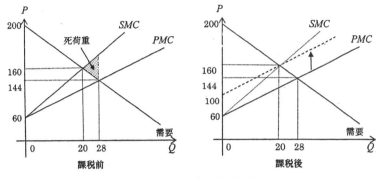

図 9-1　ピグー税の効果

ます．これが②より20でなければなりません（理由は図9-1参照）から，答えは $t=40$ となります．ちなみに表9-1より，このケースでの社会的余剰は1400となり，②と一致します．こうして政府が間接税を生産者に課す形で市場に介入することで，社会的に望ましい状況を実現できるわけです．

　この例題の状況は図9-1に示してあります．この図の左側はピグー税が課税される前の状態，右側は課税後の状態をそれぞれ描いています．課税前においては需要曲線と PMC の交点で均衡点が決まります．このとき生産者が社会的費用を一切負担しないので，社会的余剰は社会的費用を生産者が負担する場合に比べて網掛けの部分（その面積は224）だけの死荷重が発生します．そこでピグー税を導入します．これは第6章例題5のように PMC を上にシフトさせ，これを通じて死荷重をなくすことができます．

例題2

　企業1が企業2に対して外部不経済効果を与えているとしよう．企業1は X 財を生産し，企業2が Y 財を生産しており，それらの費用関数はそれぞれ以下のように与えられるとする．

$$企業1 \quad C_1 = X^2$$
$$企業2 \quad C_2 = 2Y^2 + 2XY$$

X 財と Y 財の市場価格はそれぞれ100と160とする．以下の問題に答えな

さい.

① 企業1が外部不経済効果に何の考慮も払わずに利潤最大化により生
産を決定するとする. このときの X 財の生産量はいくらになるか.

② ①の結果をもとに企業2の生産量を利潤最大化により求めなさい.

③ 社会的に最適な X 財と Y 財の生産量を, 社会的な利潤 (2 企業
の利潤合計) の最大化により求めなさい.

④ 社会的に最適な水準を達成するために企業1に課するピグー税は,
X 財 1 単位当たりいくらになるか.

〔H18年度　龍谷大学〕

例題1と違って, ある生産者の活動が別の生産者の活動に外部不経済をもた
らす状況です. それが企業2の費用関数右辺第2項 ($2XY$) に表れています.

① 第5章の手法そのままです. X 財の価格が100であるのと問題の費用関
数を利用して,

$$Maximize \quad \pi_1 = 100X - X^2 \qquad (9\text{-}2)$$

を解きます. その答えは $X_0 = 50$ となります.

② $X_0 = 50$ および Y 財の価格が160, そして問題文の費用関数を利用して,

$$Maximize \quad \pi_2 = 160Y - 2Y^2 - 2X_0 Y \qquad (9\text{-}3)$$
$$= 60Y - 2Y^2$$

を解き, その答えは $Y_0 = 15$ となります.

③ 問題に即して, 2生産者の利潤合計を v とします. これは(9-2)式およ
び(9-3)式より,

$$Maximize \quad v = \pi_1 + \pi_2$$
$$= 100X + 160Y - X^2 - 2Y^2 - 2XY \qquad (9\text{-}4)$$

となります. ここから一階の条件を導出します.

$$\frac{\partial v}{\partial X} = 0 \Leftrightarrow X + Y = 50$$

$$\frac{\partial v}{\partial Y} = 0 \Leftrightarrow X + 2Y = 80$$

これらを連立すると，求める答えは $(X_1, Y_1) = (20, 30)$ となります．

④　答えを出す前に，①②と③を比較してみます．生産者1が生産者2にもたらす外部不経済を放置する場合の v は，$(X_0, Y_0) = (50, 15)$ と(9-2)および(9-3)式より2950となります．他方外部不経済から生じる費用を生産者1が負担する場合の v は3400となり，ここでも外部不経済を放置することは利潤合計で見て望ましくありません．

そこで例題1のようにピグー税を生産者1に対して課税するケースを考えます．X 財1単位当たり従量税を t とします．このとき生産者1の利潤関数は(9-2)式から，

$$Maximize \quad \pi_1 = (100 - t) X - X^2$$

に修正され，生産量は $X' = (100 - t)/2$ となります．これが社会的に望ましい状態でなければならず（$X' = X_1$），ここから $t = 60$ となります．

2．公共財

たとえば街中にある象徴的建造物（オブジェや記念碑など）について考えてみましょう．これも生産者によって提供される財です．でもこれを眺めるのに料金は一切かかりません．これが何を意味するのかといえば，ある主体が象徴的建造物を眺めるにあたって他の主体に（費用をかけずに）眺めさせないようにすることが不可能なことです．これを財の**非排除性**といいます．他方で象徴的建造物のある場所が人気スポットになり，それを一目見ようと人々が殺到するケースがよくあります．でもそのことで象徴的建造物が増えることはありませんし，建造物の維持費用が変わることもありません．これを財の**非競合性**といいます[4]．一般に市場を流通する財には排除性や競合性を有していますが，これらの性質が（程度の差はあれ）強く出ない財のことを**公共財**といいます．この財の提供についても，一般に公共部門によることが望ましいと言われています．本節では公共財に関する入試問題を見ていくことにします．ただし，ここ

4）　象徴的建造物という財はその場所に唯一あると考えるのが普通ですから，見たいと思う人は見たいときに同量の財を眺めることができます．このことを強調して**消費の集合性**という場合もあります．

では誰でも自由に利用できる**純粋公共財**を念頭におくことにします[5)].

2. 1. 最適供給

例題に入る前に，公共財の最適供給ルールについてみておきましょう．

n 人の消費者がいて，各消費者は公共財の利用によってのみ効用を得ているとします．公共財量を G として消費者 i $(i=1,\cdots,n)$ の効用関数を $u_i[G]$ とかくことにします[6)]（ただし $u_i'>0, u_i''<0$ とする）．そして公共財の生産には $C[G]$ の費用が発生するものとします（ただし $C'>0, C''\geq 0$ とする）．このとき公共部門の目的は，すべての消費者の公共財から得られる効用の合計から公共財生産の費用を控除した純便益，

$$Maximize \quad \sum_{i=1}^{n} u_i[G] - C[G]$$

を最大にするように G を制御します．このとき一階の条件は，

$$\sum_{i=1}^{n} u_i'[G] = C'[G] \tag{9-5}$$

と計算することができます．(9-5)式左辺は限界効用の総和，そして右辺は限界費用を表しており，公共部門の目的が達成されている状況では両者が一致していなければなりません．この条件を提唱者の名前をとって，**ボーエン・サミュ**

---

5) たとえば高速道路や幹線道路では，休日ともなれば交通集中による渋滞がしばしば発生します．渋滞はその道路の利用に当たってまさに競合が生じた結果ですし，またこれを利用しようとする人々を（混雑しているから）排除することもできます．一方公立の図書館など（**地方公共財**）の利用は当該地域に居住している人々が前提であって，当該地域外に居住する人々の利用は制限されます（∵その人々は住民税や固定資産税といった地方税を払っていない）．また大学キャンパス（**クラブ財**）の利用も学費等を支払っている人々が前提であって，対価を支払っていない人々のキャンパス利用は制限されます．

　こうして誰でも利用できる財だとはいえ，その前提が対価を予め支払った人々に限定されたり，地理的要因などで限定されるケースが多く存在します．こうした制約が財の利用にあたっての排除性や競合性を生み出します．これを一括して**準公共財**といいます．ということは本章での考察対象である純粋公共財とは，国防や地球環境といったものであるといえます．

6) ただし，（極端ですが）公共部門はすべての消費者の効用関数の性質を完璧に把握しているものとします．

エルソン条件といいます.

例題3

2人の個人によって構成される社会で公共財に対する需要曲線が,

$$p_1 = 95 - 0.1D_1$$
$$p_2 = 15 - 0.2D_2$$

費用曲線が,

$$c = 90S$$

(p_i：個人 i の公共財に対する金額表示の限界効用　c：公共財の総費用　D_i：個人 i の公共財需要量　S：公共財の供給量）で示されるとき，最適な公共財の供給量を計算せよ.

〔H17年度　広島大学（改題）〕

いま純粋公共財を念頭においていますから，$D_1 = D_2 = S = G$ が成り立ちます．p_i が金額表示の限界効用を表しているので，問題文の需要曲線右辺は限界効用そのものを表しています．よってこれらと限界費用90を(9-5)式に代入すれば $110 - 0.3G = 90$ となり，これを解いて $G^* = 200/3$ となります.

この状況を図示したものが図9-2です．この図には各消費者の限界効用が右下がりの細実線で描かれており，各直線の高さを足したものが

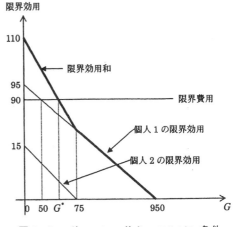

図9-2　ボーエン・サミュエルソン条件

限界効用総和として右下がりの太実線で示されています．ボーエン・サミュエルソン条件は，太実線と横軸に平行な限界費用曲線との交点で最適公共財量 G^* が決定されることを表しています.

例題 4

公共財に関する以下の問に答えなさい.

① ある社会に 2 人の個人 a, b がいるとしよう. 2 人の効用関数は私的財の消費量をそれぞれ x_a, x_b とし，公共財の消費量を G として，次のように与えられる.

$$U_i = x_i G \quad i = a, b$$

2 人の所得は一定で，それぞれ M_a, M_b であり，私的財の価格は 1，公共財の価格は p であるという. パレート最適な公共財の供給水準を求めなさい.

② 2 人が個別に g_a, g_b の公共財を購入する場合 $(g_a + g_b = G)$，ナッシュ均衡の下での公共財の供給量を求めなさい. またその場合，公共財が過小供給になることを示しなさい.

〔H15年度　龍谷大学（抜粋）〕

① 第 6 章例題 3 の手法にならい，消費者 a に注目した最適化問題として定式化します.

$$Maximize \quad U_a = x_a G$$

$$Subject \ to \quad \begin{cases} x_b G = \bar{U} \\ x_a + x_b + G = Z \end{cases}$$

第 1 制約条件は消費者 b の効用が（最低）一定水準 $\bar{U}$ を満足すること，第 2 のそれは資源制約で，各消費者が消費する私的財および公共財の合計が一定水準 Z であることを表しています[7]. ここからラグランジェ関数を，

$$\Lambda[x_a, x_b, G, \lambda, \mu] \equiv x_a G + \lambda(x_b G - \bar{U}) + \mu(Z - x_a - x_b - G)$$

と定義（λ は消費者 b の制約条件に関するラグランジェ乗数，μ は資源制約に関するラグランジェ乗数）して，一階の条件を導出します.

$$\frac{\partial \Lambda}{\partial x_a} = 0 \Leftrightarrow G - \mu = 0 \tag{9-6a}$$

---

7) 厳密に言えば，これは資本や労働といった生産要素の総量が一定のもとで，2 財生産へ投入される任意の生産要素量に対応した 2 財生産量の組合せを表しており，これを生産フロンティアといいます.

$$\frac{\partial \Lambda}{\partial x_b}=0 \Leftrightarrow \lambda G-\mu=0 \tag{9-6b}$$

$$\frac{\partial \Lambda}{\partial G}=0 \Leftrightarrow x_a+\lambda x_b-\mu=0 \tag{9-6c}$$

(9-6)の a, b 式から $\lambda=1$ となり，これと (9-6a) 式を (9-6c) 式に代入して整理すると，

$$\frac{x_a}{G}+\frac{x_b}{G}=1 \tag{9-7}$$

が導かれます．ここで x_i/G は消費者 i の限界代替率なので (9-7) 式左辺は全消費者の限界代替率の総和を表しています．他方右辺の 1 は資源制約式の傾きの絶対値（これがこの例題における**限界変形率**）です．(9-7) 式は，パレート最適な資源配分のもとでは限界代替率の総和と限界変形率が一致することを示しており，これを**サミュエルソンの公式**といいます．よって (9-7) 式を資源制約式に代入して，$G^*=Z/2$ となります[8]．

　② 各消費者が x_i とともに公共財 g_i も個別に市場で購入する場合を考えます．各財の価格および各消費者の所得が与えられているので，

$$Maximize \quad U_i=x_i(g_i+g_j)$$
$$Subject \ to \quad x_i+pg_i=M_i$$

を解きます．g_i は消費者 i が自ら購入する公共財量ですが，効用関数には消費者 j が購入した公共財 g_j が含まれます．これが公共財の持つ特徴的性質であり，解くには少々工夫が必要です．まず普通に解いて消費者 i の公共財需要量は，

$$g_i=-\frac{1}{2}g_j+\frac{M_i}{2p} \tag{9-8a}$$

そして私的財需要量は，

$$x_i=\frac{p}{2}\left(g_j+\frac{M_i}{p}\right) \tag{9-8b}$$

と計算できます．(9-8) 式をみると，x_i, g_i は消費者 j の公共財需要量 g_j が決まらなければ決まらない構造になっています．そして (9-8a) 式は g_j に対する消

---

8)　$G^*=Z/2$ を消費者 b の効用関数に代入して $x_b^*=2\bar{U}/Z$ と計算でき，また $x_a+x_b=Z/2$ が成立するので，$x_a^*=Z/2-2\bar{U}/Z$ と各消費者の私的財需要量が計算できます．

費者の望ましい反応を示していると解釈できるため，これも反応関数とよばれます．

よってこのケースでの公共財需要量の組合せ（ナッシュ均衡）は(9-8a)式より，

$$(g_a^{**}, g_b^{**}) = \left(\frac{2M_a - M_b}{3p}, \frac{2M_b - M_a}{3p} \right) \tag{9-9a}$$

これを(9-8b)式に代入すれば各消費者の私的財需要量は，

$$x_a^{**} = x_b^{**} = \frac{M_a + M_b}{3} \tag{9-9b}$$

とそれぞれ計算できます．ここから各財の総需要量の組合せは，

$$(x_a^{**} + x_b^{**}, g_a^{**} + g_b^{**}) = \left(\frac{2(M_a + M_b)}{3}, \frac{M_a + M_b}{3p} \right) \tag{9-10}$$

となります．

ただし(9-10)式はあくまでも需要量であって，供給量ではありません．そこで市場の需給調整を見ていくことにします．そのために，各消費者の予算制約式を足します．

$$x_a + x_b + p(g_a + g_b) = M_a + M_b \tag{9-11}$$

これと①の資源制約式を図示したものが図9-3です．仮に各消費者が私的財のみを購入する場合，その価格が1である限り $x_a + x_b = Z$ でなければならず，ここから $Z = M_a + M_b$ が得られます．そして $p > 1$ のもとで(9-10)式は(9-11)式上のA点で示されます．

ここで私的財需要に見合う私的財供給が実現したとします．すると資源制約を満足する公共財供給量は

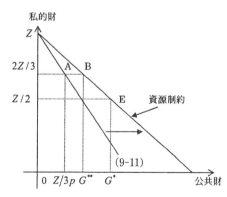

図9-3　公共財の需給調整

G^{**} で与えられ，$Z/3p < G^{**}$ となります．この状態は公共財の超過需要がマイナス（すなわち超過供給）であることを意味し，第6章例題2の議論から p

は低下します．この動きは(9-11)式が資源制約式に一致するまで進み，この状態において公共財の超過供給がなくなり $p=1$ が得られます．ゆえに $G^{**}=Z/3$ であり，確実に $G^{**}<G^*$，すなわち公共財が①に比べて過少供給されることが分かります．

　さてこの例題におけるパレート最適点は図 9 - 3 の E 点です．そして②での均衡は B 点で，いずれも資源制約式上にあります．では市場メカニズムを通じて実現する B 点はパレート最適点なのでしょうか．そこで(9-9b)式と $G^{**}=Z/3$ を(9-7)式左辺に代入すると $\dfrac{z/3}{z/3}+\dfrac{z/3}{z/3}=2$ となり，サミュエルソンの公式を満足しません．つまり B 点はパレート最適点ではないことが分かります．

2. 2. リンダール・メカニズム

　公共財が市場を通じて取引される場合，その供給量はパレート最適な水準と比べて必ず過少に供給されます．なぜでしょう？それはまさに公共財のもつ 2 つの性質によります．

　ある消費者が対価を支払って公共財を購入したとします．しかし公共財のもつ非排除性から，この公共財を購入していない別の消費者に利用されても文句が言えません．この状況はすべての消費者に共通ですから，各消費者は対価の支払を極力少なくして，他人の購入した公共財の利用で便益を得ようとするはずです．こうした応分の費用負担をせず便益だけを享受しようとする状況をただ乗りといい，これも市場の失敗の例となります[9]．

　つまり公共財を最適水準に制御するためには，便益に応じた負担を消費者自らの意思で行わせる必要があります．このメカニズムの 1 つがリンダール・メカニズムです．

9）　例題 3 の方が簡単にただ乗りの状況を説明できます．
　　たとえば公共財が価格90で発売されたとします．このとき消費者 2 はこの価格を高いと感じて一切公共財を購入しません．しかし消費者 1 はこの価格と限界効用と一致する50だけ公共財を購入します．これは明らかにボーエン・サミュエルソン条件を満たす公共財量 200/3 より小さく，過少供給されています．しかも消費者2は一切の費用負担を行わなくとも（消費者 2 の需要曲線を区間 [0,50] で定積分して）500だけの便益を得ており，明らかにただ乗りしていることが分かります．

例題 5

消費者 1 と消費者 2，1 種類の私的財と 1 種類の公共財が存在する経済を考える．公共財の生産関数は $G=x$ で与えられている．ただし x は私的財の投入量を表し，G は対応する公共財の生産量を表している．私的財の価格を 1 とし，公共財の生産者が直面する公共財の価格を 1 とする．また消費者 1 の効用関数は $u_1[x_1, G]=x_1 G$ であり，消費者 2 の効用関数は $u_2[x_2, G]=x_2 G^2$ であるとする．ここで $x_i\ (i=1,2)$ は消費者 i の私的財の消費量を表している．また消費者 1 の私的財の初期保有量は 10，消費者 2 の私的財の初期保有量は 6，公共財の初期保有量は 0 であるとする．このとき以下のすべての問に答えなさい．

① 上記の経済において，実現可能な配分 (x_1, x_2, G)（ただし $x_1, x_2, G>0$）がパレート効率的であるならば，どのような条件が成立するだろうか．

② 消費者 1 が直面する公共財の価格を $p_1>0$ とする．このとき消費者 1 の効用を最大にする消費ベクトルを求めなさい．

③ 消費者 2 が直面する公共財価格を $p_2>0$ とする．このとき消費者 2 の効用を最大にする消費ベクトルを求めなさい．

④ 上記の経済において，市場メカニズムによってパレート効率な配分が実現するだろうか．

⑤ 上記の経済のリンダール均衡における配分と各消費者が直面する公共財の価格を求めなさい．また求めたリンダール均衡配分はパレート効率的であるか．

〔H17年度　神戸大学（抜粋）〕

① 例題 4 と同じ手順で解きます．各消費者の持つ私的財の初期保有量の合計は16であり，この一部が G の生産に充当され，残りが x_i として配分されます．このときの資源制約式は $x_1+x_2+G=16$ で定義されます．よって最適化問題は次式で定式化できます．

$$Maximize \quad U_1 = x_1 G$$

$$Subject\ to\quad \begin{cases} x_2 G^2 = \overline{U} \\ x_1 + x_2 + G = 16 \end{cases}$$

ここから一階の条件を計算して整理すると，この例題でのサミュエルソンの公式は，

$$\frac{x_1}{G} + \frac{2x_2}{G} = 1 \tag{9-12}$$

となります。

②③　例題4と全く同じです．各消費者が個別に購入する公共財を g_i として，消費者1は，

$$Maximize\quad U_1 = x_1(g_1 + g_2)$$
$$Subject\ to\quad x_1 + p_1 g_1 = 10$$

そして消費者2は，

$$Maximize\quad U_2 = x_2(g_1 + g_2)^2$$
$$Subject\ to\quad x_2 + p_2 g_2 = 6$$

の最適化問題を解きます．答えはそれぞれ，

$$(g_1, x_1) = \left(-\frac{1}{2}g_2 + \frac{5}{p_1}, 5 + \frac{p_1}{2}g_2 \right) \tag{9-13a}$$

$$(g_2, x_2) = \left(-\frac{1}{3}g_1 + \frac{4}{p_2}, 2 + \frac{p_2}{3}g_1 \right) \tag{9-13b}$$

となります。

④　例題4にしたがって(9-13)式の g_1, g_2 を連立すると，公共財需要量の組合せは，

$$(g_1^*, g_2^*) = \left(\frac{6(5p_2 - 2p_1)}{5p_1 p_2}, \frac{2(12p_1 - 5p_2)}{5p_1 p_2} \right) \tag{9-14a}$$

そして私的財需要の組合せは，

$$(x_1^*, x_2^*) = \left(4 + \frac{12p_1}{5p_2}, \frac{6}{5} + \frac{2p_2}{p_1} \right) \tag{9-14b}$$

とそれぞれ計算できます。

いま私的財に加えて公共財の価格も1と仮定されていますから，市場均衡における (x_i, G) の組合せは，

$$(x_1^*, x_2^*, G^*) = \left(\frac{32}{5}, \frac{16}{5}, \frac{32}{5} \right)$$

と計算できます．これを(9-12)式左辺に代入すれば $\dfrac{32/5}{32/5} + \dfrac{32/5}{32/5} = 2$ であり，ここでもサミュエルソンの公式を満たしません．

⑤ では，どうすればパレート最適な公共財の供給が実現できるのでしょうか．リンダール・メカニズムの基本的な考え方は，一定量の公共財を消費者に（自由に）利用してもらう際に各消費者個別に費用負担 p_i を提示し，それを通じて各消費者の公共財需要を表明させるところにあります．

いま政府が G だけの公共財の提供を計画しているとします．この利用に際して各消費者から料金 p_i を個別に徴収したとすると，その収益は $(p_1 + p_2)G$ であり，公共財生産には $x = G$ だけの私的財投入が必要でした．よって公共財生産を行う生産者の利潤 $(p_1 + p_2 - 1)G$ から，各消費者の費用負担の組合せは $p_1 + p_2 = 1$ となります[10]．

この条件をみたす p_i が政府から提示された後，各消費者は公共財需要を表明します．消費者1については，

$$Maximize \quad U_1 = x_1 G$$
$$Subject \;\; to \quad x_1 + p_1 G = 10$$

から $G = 5/p_1$，そして消費者2については，

$$Maximize \quad U_2 = x_2 G^2$$
$$Subject \;\; to \quad x_2 + p_2 G = 6$$

から $G = 4/p_2$ となります．

均衡は各消費者の公共財需要量が一致するところで決まります．求めた公共財需要関数から $5p_2 = 4p_1$ という関係式が得られ，これと $p_1 + p_2 = 1$ を使って $p_1 = 5/9$（$p_2 = 4/9$）と各消費者の費用負担が求められます．ここから公共財供給量は $G = 9$，

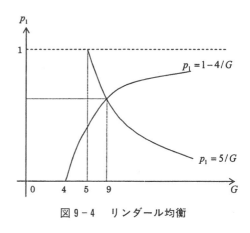

図9-4　リンダール均衡

---

10) もし p_i に等しい消費者 i の（公共財から得られる）限界効用が正しく表明されるならば，この条件式はボーエン・サミュエルソン条件を満たします．

そして x_i の組合せは $(x_1, x_2) = (5, 2)$ とすべて計算することができます．この計算結果を(9-12)式左辺に代入すれば $\frac{5}{9} + \frac{4}{9} = 1$ となり，サミュエルソンの公式を満足してパレート最適が実現します．これがリンダール均衡で，この様子は図9-4で描かれています．この図において右下がりの曲線が消費者1の公共財需要曲線，右上がりの曲線が消費者2のそれを表しています．

3．考察

リンダール・メカニズムは公共財の利用料金を消費者個別に設定して，それに対する各消費者の公共財需要が一致する水準に公共財を制御することを通じて，パレート最適を実現する手段でした．ここで重要な前提は，各消費者が直面する公共財価格を所与として計算した公共財需要を各消費者が正直に申告することです．では消費者はリンダール・メカニズムのもとで，公共財需要を正直に申告するのでしょうか？

たとえば，例題5において消費者2が公共財需要を正直に申告するもとで，消費者1が θ/p_1 単位 $(\theta > 0)$ だけ過少に，すなわち公共財需要を $G = (5-\theta)/p_1$ と表明したとします．このとき⑤の方法にしたがえば新たなリンダール均衡は，

$$(p_1', G') = \left(\frac{5-\theta}{9-\theta}, 9-\theta\right)$$

と計算できます．簡単な計算より $p_1' < 5/9$ であり，公共財需要の過少申告より消費者1の費用負担は軽減されます．もちろんその結果，供給される公共財量が減少するのは言うまでもありません．

この状況は図9-5に示してあります．ここに

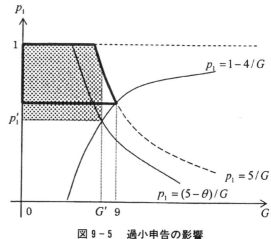

図9-5　過小申告の影響

は図 9 - 4 に過少申告した消費者 1 の公共財需要曲線 $p_1=(5-\theta)/G$ を描き加えてあります．過少申告することによって費用負担を軽減できますが，新たなリンダール均衡のもとで享受する消費者 1 の純便益 B' は真の公共財需要曲線を使って，

$$B'=5+\int_{5}^{9-\theta}(5/G)\,dG-\frac{(5-\theta)(9-\theta)}{9-\theta}=\theta+5\log\left(\frac{9-\theta}{5}\right) \qquad (9\text{-}15a)$$

で与えられ，図では陰をつけた図形の面積で示されます．[11] もし消費者 1 が正直に公共財需要を申告すれば，そのときの純便益 B は同じ考え方から，

$$B=5+\int_{5}^{9}(5/G)\,dG-\frac{5\times 9}{9}=5\log\left(\frac{9}{5}\right) \qquad (9\text{-}15b)$$

となり，図では太枠で囲まれた図形の面積で示されます．

　よって消費者 1 が公共財需要を過少に申告するのは(9-15a)式が(9-15b)式以上になるときです．その条件は，

$$B'\geq B \Leftrightarrow \frac{\theta}{5}\geq\log\left(\frac{9}{9-\theta}\right) \qquad (9\text{-}16)$$

で与えられます．

　(9-16)式の状況は図 9 - 6 に描かれています．この図において $\log\{9/(9-\theta)\}$ は $\theta=9$ で漸近線をもつ右上がりの曲線です．そして図の $\bar{\theta}$ は，(9-16)式が等号で成立するときの過少申告の程度を表します．この図から(9-16)式を満足するのは $0\leq\theta\leq\bar{\theta}$ であり，消費者 1 はこの範囲で公共財需要を過少申告すればより高い便益を

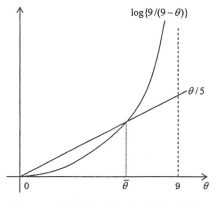

図 9 - 6　消費者 1 が過小申告する範囲

---

11)　(9-15a)式右辺の第 1 および第 2 項は消費者 1 の真の公共財需要関数を積分したもので，積分計算に当たっては $\int(1/x)\,dx=\log|x|$ の積分公式を利用します（詳細は『マクロ講義』第 5 章を参照）．そして第 3 項は消費者 1 の申告にもとづいて支払った公共財利用料を表しています．

享受できます．他方で正直に申告した消費者 2 の費用負担は $p_2 = 4/(9-\theta)$ と確実に増加し，その上公共財供給が過少になるため，彼の便益はあがることはありません．これはまさに消費者 1 によるただ乗りがもたらす損失であり，その意味においてリンダール・メカニズムは，各消費者の公共財需要を正直に申告する動機をもたないことが分かります[12]．

練習問題

問題1

ある財に対する社会の需要曲線が，

$$d = 100 - p$$

（d：需要量，p：価格）で示されるとする．いま，この財を消費することで公害が発生し，消費 1 単位当たり10の社会的コストが生じるとする．またこの財を 1 単位生産するための（私的）限界費用は20であり，完全競争的な環境で供給されているとする．このとき，以下の問に答えよ．

① 市場の自由な取引を通して実現される価格・供給量のもとでの社会的総余剰はいくらか．

② 公害を考慮に入れて社会的に最適な供給量を実現するとしたら，その供給量はどれだけか．

〔H18年度　一橋大学（改題）〕

Hint：公害という外部不経済の発生源は消費者ですから，ここで生じる社会

---

12) 政府は費用負担 p_i を適当に提示しますが，それが各消費者の最適化問題を通じて便益と結びついてしまうからです．

　　そこで政府は，次のような費用負担ルールを消費者 i に提示するとします．

$$p_i = C'[G] - \sum_{j-1, j \neq i}^{n} u_j'[G]$$

これはボーエン・サミュエルソン条件(9-5)式をもとに提示されるもので，当該消費者以外のすべての消費者が申告する限界効用総和を公共財生産の限界費用から控除した残額で，消費者 i の費用負担を決めるものです．これをみて消費者 i は自らの限界効用を申告します．ところがこの提示方法だと，自分の申告する限界効用の程度で p_i が変わることがありません．その結果，すべての消費者は正直に自らの限界効用を申告することが知られています．これを提唱者の名前をとって**クラーク・メカニズム**といいます．

的費用の負担は消費者が行うべきはずです．

問題 2

2人の消費者 A, B が存在する社会において，それぞれの消費者の公共財に対する需要曲線が以下のように示されている．

$$消費者 A \quad P_A = 10 - \frac{1}{3} g_A$$

$$消費者 B \quad P_B = 20 - \frac{2}{3} g_B$$

ただし g_i は消費者 i $(i = A, B)$ の公共財需要量，P_i は消費者 i の直面する公共財価格である．この公共財の生産に要する限界費用曲線が $MC = 2G$ であるとき，最適な公共財の供給量はいくらになるか．またそのときの公共財供給に伴う社会的余剰はいくらになるか．

〔H17年度　龍谷大学（抜粋）〕

問題 3

2人2財（1私的財，1公共財）経済において，2人の効用関数を $U^1[c_1, G] = c_1 + \frac{1}{2} G^{1/2}$ および $U^2[c_2, G] = c_2 + G^{3/4}$，公共財の生産関数を $G = x$ とする．ここで G は公共財の量，c_i は第 i 家計の私的財の量，x は公共財生産のために必要な私的財の量である．第 i 家計は私的財だけを一定量所有しており，その量を1とする．公共財生産部門は公共財の価格と私的財の価格 $(1,1)$ に直面しているものと想定する．このとき，次の各問に答えなさい．

① パレート最適を満足する公共財量を求めなさい．

② 公共財も市場で自由に取引できるとき，均衡での公共財供給量を求めなさい．そしてこれが①でもとめた公共財量より少ないことを示しなさい．

③ この設定の下で，リンダール均衡を導出しなさい．

〔H15年度　神戸大学（改題）〕

第**10**章

不確実性を伴う経済分析の基礎

　これまでの各章で扱ってきた全ての内容において，問題を解く上で必要な（価格や所得などの）情報は確実に与えられ，最適化問題を通じて導出した行動（＝需要ないしは供給）が市場均衡を通じて確実に実現する状況が考えられていました．でも現実問題として，ある行動とその結果が1対1対応している状況が支配的なのでしょうか？たとえばある銘柄の株式を購入する時点で，一定期間後にその株式の価格（＝株価）が確実にいくら値上がりすると分かっているわけではありません．[1]一般にある行動とその結果が1対1対応とはならず，1つの行動に対して複数の結果が生じる状況を**不確実性**とよんでいます．そこで本章は，これに関連する入試問題についてみていくことにします．

1．予備的考察

　最初に，ある行動に対して生じる結果が不確実な状況に関連する幾つかの事項について簡単に解説します．

1．1．用語の定義

　主体が選択したある行動 a（以下 a と表記）に対して，n 個の結果（$r_1, \cdots, r_n$）のいずれかが実現する状況を考え，その結果の集合を R とよぶことにします．このとき，主体は a に対して $r_i \in R$（$i = 1, \cdots, n$）およびそれが生じる確率 $\Pr(R = r_i) = p_i$ の値を確実に知っているものとします．これは a に対してどの結果が実現するのかだけが分からない状況であり，これを**危険**（リスク）といいます．このとき，

---

1)　もし確実に分かっていて株式を売買するとき，インサイダー取引として違法行為となるのは周知の事実だと思います．

$$E\{R\}=\sum_{i=1}^{n}p_ir_i\equiv \bar{r} \tag{10-1}$$

によって a に対する R の**期待値**,

$$E\{(R-\bar{r})^2\}=\sum_{i=1}^{n}p_i(r_i-\bar{r})^2\equiv \sigma_R^2 \tag{10-2}$$

によって R の**分散**をそれぞれ定義します.

ここで実現した結果 r_i を 2 回連続微分可能な関数 u によって変換した値 $U_i=u[r_i]$ を, 結果 r_i に対する主体の実現効用とよぶことにします. このとき,

$$E\{U\}=\sum_{i=1}^{n}p_iu[r_i]\equiv \bar{U} \tag{10-3}$$

によって a に対する主体の**期待効用関数**を定義します. (10-3)式は a に対してありうる全ての実現効用を考えていることから, a の事前評価という意味が与えられ, これを不確実な状況下における意思決定の基準と考えます.

次に関数 u の性質に注目します. 今後の例題に即して任意の r_i に対して $u'>0$ を仮定します. また話を単純にするため, a に対する R が r_1, r_2 の 2 通りしかない (それぞれが生じる確率は p_1, p_2) 状況を考えます.

手始めに 2 階導関数の符号が $u''<0$ であるとします. これは関数 u が狭義の凹関数であることに他なりませんから, 第 3 章の議論から,

$$u[p_1r_1+p_2r_2]>p_1u[r_1]+p_2u[r_2]=\bar{U} \tag{10-4}$$

が成立します. もしこの主体に $p_1r_1+p_2r_2\equiv \bar{r}$ (すなわち R の期待値) という結果が確実に得られる代替的行動 b (以下 b と表記) が取り得るとすると, この主体は結果が不確実な a よりも確実な b の方が望ましいと考えています. よって(10-4)式の基準にしたがって b を選択します. このような主体を**危険回避者**とよびます.

今度は関数 u の 2 階導関数が $u''>0$ であるとします. この場合 u は狭義の凸関数ですから, (10-4)式の不等号の向きが逆になります. この結果は危険回避者とは反対に a の方が b よりも望ましいと考えており, この基準にしたがって主体は a を選択します. この主体を**危険愛好者**とよびます. 最後に $u''=0$

---

2) もちろん $r_1, \cdots, r_n$ 以外に生じる結果はありませんから, $\sum_{i=1}^{n}p_i=1$ が成立するのはいうまでもありません. なお E は数学的期待値を表す演算子 (オペレーター) です.

ですが，このとき関数 u は右上がりの直線であり(10-4)式は等号で成立します．この結果は主体にとって a, b が同じくらい望ましいと考えていることを意味し，こうした主体を**危険中立者**といいます．

1. 2. リスクプレミアムの導出

さて狭義の凹関数 u において(10-4)式より，

$$u[\bar{r}-\rho]=p_1u[r_1]+p_2u[r_2] \tag{10-5}$$

を満たす正値 ρ が一般に存在します．これを**リスクプレミアム**とよび，$\bar{r}-\rho$ $\equiv\tilde{r}$ を a の期待効用に等しい実現効用を与える確実な結果という意味で**確実性等価**といいます．このリスクプレミアムをどう計算するかは，第2章で示したテイラーの定理にもとづいて以下の手順にしたがいます．(10-5)式左辺を期待値 $\bar{r}$ の近傍で1次近似，

$$u[\bar{r}]+u'[\bar{r}](\bar{r}-\rho-\bar{r})=u[\bar{r}]-u'[\bar{r}]\rho$$

そして右辺を $\bar{r}$ の近傍で2次近似します．その際，(10-2)式を利用します．

$$u[\bar{r}]+p_1p_2u'[\bar{r}](r_1-r_2)-p_1p_2u'[\bar{r}](r_1-r_2)+\frac{1}{2}u''[\bar{r}]\{p_1(r_1-\bar{r})^2$$
$$+p_2(r_2-\bar{r})^2\}=u[\bar{r}]+\frac{1}{2}u''[\bar{r}]\sigma_R^2$$

ここで $\theta[\bar{r}]\equiv-u''[\bar{r}]/u'[\bar{r}]$ によって**絶対的危険回避度**を定義します．よって近似した2つの式を(10-5)式に代入してリスクプレミアムは，

$$\rho=\frac{1}{2}\theta[\bar{r}]\sigma_R^2 \tag{10-6}$$

で与えられます．

---

3)　3点補足しておきます．

① 危険愛好者の効用関数の2階導関数が正であることから，彼（彼女）の絶対的危険回避度は負値をとります．一方危険中立者における効用関数の2階導関数がゼロであることから，彼（彼女）の絶対的危険回避度はゼロになります．

② 絶対的危険回避度が一定である効用関数を CARA (Constant Absolute Risk Aversion) 型といい，$u[r]=-e^{-\theta r}$ という関数形が使用されます．

③ 他方 $-u''[\bar{r}]\bar{r}/u'[\bar{r}]\equiv\eta[\bar{r}]$，すなわち限界効用に対する $\bar{r}$ の弾力性を**相対的危険回避度**といいます．そしてこれが一定である効用関数を CRRA (Constant Relative Risk Aversion) 型といい，$u[r]=r^\eta/\eta$ でという関数形が使用されます．

この様子は図10‑1に示してあります．この図では $r_1 < r_2$ として描いています．ある行動に対する結果と実現する効用は図の点 A, B で与えられます．そしてその結果の期待値と期待効用の組合せは，線分 AB を $p_2:p_1$ に内分する点 C で与えられます．ここで与えられる期待効用と同水準の確実な効用を実現するのは点 D であり，ここに対応する結果が確実性等価 $\tilde{r}$ であり，期待値と確実性等価との差がリスクプレミアムになります．

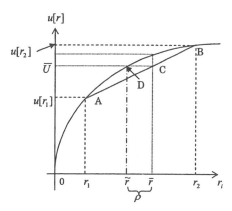

図10‑1　危険回避者のリスクプレミアム

以上の予備的考察をもとにして，幾つかの大学院入試問題をみていくことにしましょう．

2．消費者行動への適応例

例題1

　ある個人はアルバイト A とアルバイト B のいずれか一方を選択するものとする．アルバイト A から得られる所得は確実であり，その額は a 円であるとする．他方アルバイト B を選択した場合，所得は不確実であり，0.5の確率で 2 万円，0.5の確率で14万円になるとする．効用が所得に依存する個人の効用関数は，

$$u[x] = x^2 \quad (x：所得)$$

であり，個人は期待効用を最大にするように行動するものとする．この個人について次の記述のうち，正しいものを選びなさい．

　①　この個人は危険愛好者であり，アルバイト A の所得が10万円より
　　　少なければアルバイト B を選択する．

　②　この個人は危険愛好者であり，アルバイト A の所得が 8 万円以下

のときのみアルバイト B を選択する.

③　この個人は危険回避者であり，アルバイト A の所得が10万円より
少なければアルバイト B を選択する.

④　この個人は危険回避者であり，アルバイト A の所得が 8 万円以下
のときのみアルバイト B を選択する.

〔H19年度　一橋大学〕

　消費者が，確実な結果が得られる行動（ここではアルバイト）と不確実な結
果をもたらす行動のどちらかを選択するかを決定する問題です．まず問題文に
ある効用関数は明らかに凸関数です．この関数をもつ消費者は前節の解説から
危険愛好者に該当し，この時点で選択肢③および④は排除できます．次にこの
消費者がアルバイト B を選択したときの期待効用を計算しましょう．これは
効用関数と各数値から 100（＝0.5×4＋0.5×196）です．よってこの消費者が
アルバイト B を選択するには $a^2<100$ を満たすときですから，これを解いて
$0≦a<10$，つまりアルバイト A での所得が10万円未満であればアルバイト B
を選択し，①が正解になります．

例題 2

　ある個人の効用関数は $U=M^{1/2}$ であり（M：所得），また，3/5 の確率
で 1 万円の所得，2/5 の確率で2500円の所得を得るという状況下にあると
いう.

①　このギャンブルと無差別である確実な支払はいくらか.

②　このギャンブルに対するリスクプレミアムはいくらか.

〔H16年度　滋賀大学〕

　ここで想定されている効用関数が例題 1 と違って凹関数ですから，リスクプ
レミアムが正値で存在するはずです．

　①　ここでの確実性等価を $\tilde{M}$ とすると，(10-5)式と問題文の効用関数，お
よび与えられている数値から，

$$\tilde{M}^{1/2}=0.6\sqrt{10000}+0.4\sqrt{2500}=80$$

だから，$\tilde{M}=6400$円 と簡単に計算できます．

②　リスクプレミアムは，前節の考察からこのギャンブルから期待される所得 $\bar{M}$ から $\tilde{M}$ を引いたもので与えられます．ここでの期待所得が7000円（＝$0.6\times10000+0.4\times2500$）であることから，答えは600円となります．

3．生産者行動への適応例

例題3

　ある農家の所得は天候に依存し，豊作の年には1600，不作の年には900であって，豊作になる確率は70％（不作になる確率は30％）であるとする．農家の効用は所得 x に依存し，その効用関数は $U[x]=x^{1/2}$ と表される．この農家のリスクプレミアムはいくらか．

①　53　　②　42　　③　34　　④　21

〔H13年度　一橋大学〕

ここでも効用関数が凹関数です．(10-5)式を利用すれば，

$$(\bar{x}-\rho)^{1/2}=0.7\sqrt{1600}+0.3\sqrt{900}=37$$

が成立し，ここでの農家の期待所得が $\bar{x}=1390$ であることに注意すれば $\rho=21$，すなわち選択肢④が正解となります．

例題4

　ある商品に関して次の予想が立てられたとする．ただし確率の和は1である．費用関数 $c[x]$ の1次および2次導関数は正（x は生産量），効用関数は $U=A\Pi^{1/2}$（Π は利潤）である．このとき完全競争企業の最適生産量決定に関して以下の問いに答えよ．

	状況1	状況2
確率	r_1	r_2
価格	P_1	P_2

①　生産物価格が上で示された不確実なケースの期待効用最大化の条件を導きなさい．

---

② 生産物価格が上で示された不確実なケースの期待値に等しい確実な
ケースの期待効用最大化の条件を求めなさい．

③ ①と②の生産量の大小を比較しなさい．

④ もし企業が危険中立的ならば，企業の効用関数ならびに最適生産量
はどのようになるか．

⑤ $c[x]=(c/2)x^2$ のとき，企業の最適生産量を求めなさい．

⑥ ⑤の前提の下で，生産物価格の期待値が最適生産量に与える効果を
求めなさい．

⑦ ⑤の前提の下で，生産物価格の不確実性が最適生産量に与える効果
を求めなさい．

〔H15年度　京都大学〕

　この例題では2つの状況以外の結果が生じる余地はありませんから，一般性
を損なうことなく，状況1が生じる確率を $r_1=r$（したがって状況2が生じる
確率は $r_2=1-r$）と置き換えます．

　① 各状況に対応して実現する利潤は $\Pi_i=P_i x-c[x]$（$i=1,2$ は各状況を表
す下添え字），$rP_1+(1-r)P_2\equiv\overline{P}$ を期待生産物価格として期待利潤は $\overline{\Pi}=$
$\overline{P}x-c[x]$ とそれぞれ定義できます．ここから第1節の方法でリスクプレミア
ムを計算すると $\rho=(1/2)\theta\sigma_\Pi^2$ となります[4]．ここで $\sigma_\Pi^2=r(1-r)(P_1-P_2)^2x^2$ は
利潤の分散ですが，$r(1-r)(P_1-P_2)^2$ が生産物価格の分散なので，これは
$\sigma_\Pi^2=\sigma_P^2x^2$ と変換できます．よってこの例題でのリスクプレミアムは
$\rho=(1/2)\theta\sigma_P^2x^2$ となります．

　通常不確実性を含む状況では期待効用最大化問題を解くのですが，ρ が計算
できれば確実に得られる効用最大化問題として解くことができます．ですが効
用関数が単調増加関数ですから，結局この問題は確実性等価の最大化問題，

$$Maximize\quad \widetilde{\Pi}=\overline{\Pi}-\frac{1}{2}\theta\sigma_P^2x^2$$

に変換できます．これより一階の条件は次のようになります．

4） 問題文の効用関数から絶対的危険回避度は $\theta=1/2\overline{\Pi}$ であり，$\overline{\Pi}$ すなわち x に依存し
ます．しかしここでは θ を一定であると仮定して話を進めます．

$$\tilde{\Pi}' = 0 \Leftrightarrow \overline{P} = c'[x] + \theta\sigma_P^2 x \qquad (10\text{-}7)$$

(10-7)式は，限界費用および生産量の微小変化によるリスクプレミアムの変化との和が期待生産物価格と等しいように生産量が決定されることを表しています．この式を満足する最適生産量を x^* としておきます．

② 生産物価格が $\overline{P}$ で確実に与えられるケースの効用最大化問題を解きます．このケースの目的関数は $\overline{U} = A\overline{\Pi}^{1/2}$ で，①と同じ考え方から第5章でみた利潤最大化問題を解くことと同値です．よってこのケースでの一階の条件は第5章と同様，

$$\overline{P} = c'[x] \qquad (10\text{-}8)$$

と求めることができます．そしてこの条件を満たす最適生産量を x^{**} としておきます．

③ 図10-2を使って証明します．この図には(10-7)式と(10-8)式の右辺が示されています．完全競争市場に参加する生産者にとって $\overline{P}$ は所与ですから，これと右上がりの各直線の交点で最適生産量が決まります．明らかなように $x^* < x^{**}$ が成立します．理由は簡単で，生産物価格が不確実な下で x を増加させると利潤の分散が大きくなり，それがリスクプレミアムを高めるからです．

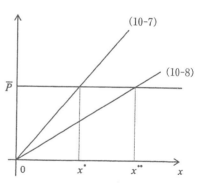

図10-2 最適生産量の比較

④ 生産者が危険中立者であるとき，効用関数の2階導関数がゼロでなければなりませんから，効用関数は $U = A\Pi$ に修正されます．このときの期待効用は，

$$\overline{U} = rA(P_1 x - c[x]) + (1-r)A(P_2 x - c[x]) = A\overline{\Pi}$$

で定義され，期待利潤最大化問題と同値になります．よって一階の条件は(10-8)式，ゆえに最適生産量は x^{**} になります．このように危険中立的生産者は，生産物価格の不確実性でその行動が変わることがありません．

⑤ 費用関数が問題文のように具体的に与えられると(10-8)式より $x^{**} =$

$\overline{P}/c$, (10-7)式より $x^* = \overline{P}/(c+\theta\sigma_P^2)$ とそれぞれ計算でき，$x^* < x^{**}$ であることが確認できます．

⑥⑦　生産物価格の不確実性に対する生産者の態度の違いに注意して，図を用いて説明します．図10-3の左側には（σ_P^2 が一定の下で）$\overline{P}$ が上昇したときの各最適生産量の変化を表しています．これより，$\overline{P}$ の上昇は最適生産量を上昇させる効果を持つことが分かります（⑥の答）．なぜなら不確実性に対する生産者の態度の違いに関係なく，これは収益の上昇を期待させるからです．次に図10-3の右側には不確実性の上昇の効果を表しています．なおここでは（$\overline{P}$ が一定の下で）σ_P^2 が上昇したと考えています．これは(10-7)式のみを上にシフトさせる効果を持ち，ゆえに x^* のみが減少します（⑦の答）．危険回避者である生産者にとって σ_P^2 の上昇はリスクプレミアムを引き上げる一方で，危険中立的生産者にとれば σ_P^2 が上昇しても，リスクプレミアムがゼロで不変だからです．

このように生産物価格が不確実な状況であっても，それに対する企業の態度のとり方如何で結果が異なってくることがわかります．

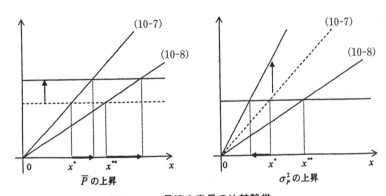

図10-3　最適生産量の比較静学

練習問題

問題1

40%の確率で25万円，60%の確率で100万円がもらえるクジを考える．

① Aさんが危険回避者ならば，クジをもらうのと70万円もらうのとどちらを好むか．

② 当初Aさんがこのクジを持っていたとする．Aさんがこのクジを売ってもよいと思う価格の下限を求めよ．ただし，Aさんの効用関数は $U[x]=x^{1/2}$（x は所得で単位は万円）で表されるとする．

③ 当初Aさんがこのクジを持っていたとする．AさんとBさんの間でクジの売買が成立するか．ただしBさんの効用関数は $V[x]=(x-25)^{1/2}$ で表されるとする．

〔H16年度　上智大学（抜粋）〕

問題2

不確実性に直面するある企業の収益は R_H または R_L であるとし，その経営者の給料は，収益が R_H のときには w_H，収益が R_L のときには w_L であるとする．経営者は努力水準 e を 0 または 1 に設定することができ，$e=0$ のとき収益は必ず R_L となるが，$e=1$ のときには，それぞれ50％の確率で R_H または R_L となると仮定する．さらに努力水準を e に設定し，給与 w を受け取るときの経営者の期待効用関数は，

$$u[w,e]=\sqrt{w}-e$$

であると仮定しよう．$w_L=16$ のとき，経営者が努力水準を 1 に設定するためには，w_H はどれほど大きくなければならないか．

〔H18年度　京都大学〕

問題3

2人の農民 A, B が気候条件の異なる地域に居住していて，地域間の移動は不可能であるとする．2財 x, y があり，y 財は x 財を投入することによって生産されるが，その生産関数は実現する天候に依存して決まる．農民 i（$i=A, B$）の x 財の投入量を z_i，y 財の生産量を q_i とすると，状態1が実現したときには，

$$q_A=2\sqrt{z_A}$$
$$q_B=4\sqrt{z_B}$$

であり，状態2が実現したときには，

$$q_A = 4\sqrt{z_A}$$
$$q_B = 2\sqrt{z_B}$$

である．各状態の実現する確率は $1/2$ である．各農民は初期に x 財のみを 1 単位保有している．各状態が実現した後の農民 i の効用は，

$$u_i = (x_i y_i)^{1/4}$$

（u_i は農民 i の効用，x_i は農民 i の x 財の消費量，y_i は農民 i の y 財の消費量）と表される．x 財の価格を常に 1 とし，y 財の価格を p とする．各農民は価格受容者として行動する．このとき以下の設問に答えよ．

① 農民 i の初期保有量の価値額と状態実現後の利潤の合計を「所得」とよび，I_i と表す．所得が I_i，y 財の価格が p のときの各財への需要量と間接効用 $v_i[I_i, p]$ を求めよ．

② 状態 1 が実現したとする．このとき競争均衡における価格と，各農民の各財の消費量，および各財の投入量または産出量を求めよ．

③ 状態が実現した後に，政府が農民間で所得の一括移転を行うことができるものとする．農民 i の得る一括移転額を t_i で表すと，$t_i > 0$ ならば一括補助金，$t_i < 0$ ならば一括税を意味し，$t_A + t_B = 0$ である．この一括移転によって競争均衡価格が不変であることを証明しなさい．

④ 状態実現後に，政府が農民間で一括移転を行うことができるとする．各農民の状態実現前の期待効用を最大にするような一括移転政策を示せ．

〔H12年度　一橋大学（抜粋）〕

Hint：①および②は第 6 章練習問題 4 と同じ要領で解いてください．

契約理論の基礎

　本章では，ミクロ経済学を締めくくるに当たって前章の不確実性を含んだ経済分析の応用である契約理論に関する入試問題を解説していきます．

1. 保険契約

　たとえば前章の例題4において，生産物価格の不確実性に直面する危険回避的生産者は，不確実性のない場合（および危険中立的生産者）と比べて生産量を小さく制御しました．大量に生産して高価格が実現すれば高利潤を達成できる反面，低価格が実現して大きな損失を被るかもしれません．この可能性を重くみて，生産量を少なくして実現する利潤の格差を小さくしようとするのが危険回避的生産者の行動であると理解できるわけです．

　ここで悪い結果が生じた時に何らかの形でそれを補塡する仕組みがあるのなら，悪い結果になったとしても損失の程度は軽減されます．そしてそれを通じて，危険回避者も不確実な結果の伴う行動を選択する動機が働く余地が生まれるはずです．その仕組みこそが**保険**です．まず本節では保険に関する入試問題から見ていくことにします．

例題1

　資産価値が確率0.5で $Y_H = 140$ となり，また確率0.5で $Y_L = 60$ となる投資を行うものとする．保険が利用可能であるとすると，どのような保険が望ましいか答えなさい．ただし投資家の効用関数は，

$$U = Y^{0.5}$$

で与えられるとする．

〔H20年度　広島大学〕

　もし保険が利用できないならば，この投資家が資産を持つときの期待効用は(10-3)式より，

$$\overline{U} = 0.5\sqrt{140} + 0.5\sqrt{60}$$

で与えられます．ここでこの資産保有に関して，次のような保険があるとします．資産購入時点で保険料 p を支払い，$Y = Y_L$ が実現したときに保険金 q が支給されますが，$Y = Y_H$ の場合には保険金は支払われないものとします．ここで $p/q \equiv r$ でこの保険の**保険料率**を定義すると，この投資家が保険に加入した上で資産を持つことで期待される効用は，保険料および保険金を加減した資産価値で評価して，

$$\tilde{U} = 0.5\sqrt{140 - rq} + 0.5\sqrt{60 + (1-r)q}$$

で与えられます．よって投資家が資産を購入する上でこの保険に加入するかどうかは，一般に $\overline{U} \leq \tilde{U}$ という不等式によって決まります．

　しかしこの不等式を直接計算するのは難しい．そこで別の基準を考えます．ここでは保険会社が提示する条件 (r, q) は任意と考えられるので，保険加入によってこの投資家が保有する資産価値の不確実性が完全に除去されるわけではありません．つまり投資家がこの保険に加入するには，それで期待される（保険金と保険料加減後の）資産価値が少なくとも加入しなかった場合の期待資産価値と同じでなければなりません．これは，

$$0.5 \times 140 + 0.5 \times 60 = 100 \leq 0.5(140 - rq) + 0.5(60 + (1-r)q) = 100 + (0.5 - r)q$$
$$\Leftrightarrow rq = p \leq 0.5q \tag{11-1}$$

という条件式で与えられます．(11-1)式は，投資家がこの保険に加入するにはそれによって期待される保険金が保険料以上でなければならないことを表しています．そして(11-1)式が等号で成立するとき，**保険数理上公平**といいます．

　もし保険会社から提示される保険の内容が保険数理上公平であるとき，どのような状況になるのかを図示しましょう．それが図11-1に示されています．もしこの投資家が保険に加入しなければ，図10-1と同様，期待資産価値と期待効用の組合せは $(100, \overline{U})$ で与えられます．他方保険数理上公平な保険に加入すると期待資産価値は100で変わりませんが，各状態になったときの（保険

を加味した）資産価値が変わります．たとえば高い資産価値が実現したとき，そこから保険料を控除すれば $140-0.5q$ に低下しますが，低い資産価値が実現したとき，そこから保険金と保険料を加減すれば $60+0.5q$ に増加します．ここから分かることは，保険に加入すると状態に応じて実現する資産価値の差額が 80 から $80-q$ に小さくなることです．[1]

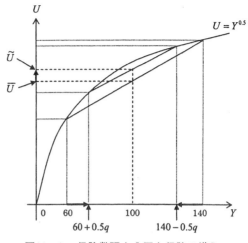

図11-1　保険数理上公平な保険の導入

つまり保険の意義とは，いい結果が実現したときの収益を悪い結果が出たときの収益へ仮想的に移転させることで，結果のばらつきを軽減させ，それを通じて期待効用を高めることにあるのです．事実この保険に加入する結果，この投資の期待資産価値と期待効用の組合せは $(100, \tilde{U})$ で与えられ，未加入の場合と比べて確実に状況が改善されていることが分かります．

例題 2

資産 5 億円と $u[w]=20w-w^2$ という効用関数を持つ個人が，いま 1 億円の資産を20%の確率で失う危険にさらされている（ここで w は資産水準で単位は億円）．このような危険に対して，保険料を支払えば 1 億円が失われたときに完全に補償する保険が提供されている．この個人がとると考えられる行動に関する記述として正しいものを選びなさい．

① この個人は危険回避的ではないので，どのような保険料であっても保険を購入することはない．

1）　ここで $q=80$（(11-1)式より $p=40$）ならば，状況に応じた（保険を加味した）資産価値の格差を完全に除去することができます．

> ②　この個人は2000万円までなら保険を購入するが，それ以上ならば購入しない．
>
> ③　この個人は2100万円ならば保険を購入するが，保険料が2200万円ならば購入しない．
>
> ④　この個人は保険料が2200万円でも保険を購入する．
>
> 〔H12年度　一橋大学〕

　問題にある効用関数は狭義の凹関数なのでこの消費者は危険回避者です．まずここから選択肢①を排除することができます．

　保険料を p とします．このとき保険に加入した際の資産額はどうなるのでしょうか？まず1億円を失うことがなければ，手持ちの資産額から保険料を控除した $(5-p)$ 億円が残ります．他方1億円を失えば，手持ちの資産額から保険料と損失額を控除し保険金を加算した $5-p-1+1=(5-p)$ 億円が残ります．つまり損失した資産を満額補償する保険に加入するならば，いずれの結果になっても手元に残る資産額は同一になります．

　つまりこの消費者がこの保険に加入するのは，それよって得られる確実な効用が非加入による期待効用以上となる場合です．よって問題の効用関数から，

$$20(5-p)-(5-p)^2 \geq 0.8 \times 75 + 0.2 \times 64 \Leftrightarrow p^2 + 10p - \frac{11}{5} \leq 0$$

と p に関する2次不等式がえられます．これは簡単に，

$$-5-2\sqrt{\frac{34}{5}}=-10.2153\cdots \leq p \leq -5+2\sqrt{\frac{34}{5}}=0.2153\cdots \tag{11-2}$$

と解くことができます．マイナスの保険料は意味がありませんから，結局この個人は保険料が約2153万円以下ならば保険に加入する，すなわち選択肢③が正解になります．[2]

----

2)　例題1にしたがってここでの保険数理上公平な保険料を計算すると，
$$0.8 \times 5 + 0.2 \times 4 = 5-p \Rightarrow p=0.2$$
つまり2000万円を得ます．これは(11-2)式を満足しますから，この消費者は確実にこの保険に加入します．しかし(11-2)式の上限値は保険数理上公平ではありません．逆に言えば，仮に保険数理上不利な保険が提示されていたとしてその程度が150万円程度ならば，保険加入を通じて効用を上昇させることが可能であることを示しています．

2．さまざまな契約理論

　ここで被保険者に保険サービス，たとえば自動車保険を提供する保険会社の立場で考えてみましょう．自動車保険会社にとって一番望まれる顧客はどんな人か？保険料を毎月きっちり払う人であることは言うまでもありませんが，保険金を支払う必要のない人，すなわち事故を起こさず安全運転をする人が一番望ましいはずです．

　ところが「ハンドルを握れば人が変わる」に典型ですが，被保険者には運転技能における癖（タイプ）がある．ですが保険会社が被保険者の癖のすべてを識別できるわけではありません．もし被保険者の運転の荒さがもとで保険金を頻繁に支払わなければならないとなれば，保険会社は大損です．そこで保険会社はもっとも単純な手段として高い保険料を設定するでしょう．ところがこの事態が優良ドライバーを保険契約から遠ざけ，（極端な場合）運転が荒く事故を頻発するドライバーのみが保険契約に応じることになりかねません．これが**逆選択**とよばれる事象です．

　他方ドライバーの保険加入の有無に関係なく，交通システムの維持のためにドライバーは安全運転の遂行義務が課されています．ところが保険加入による安心感からか，ドライバーは安全運転を心がけなくなり，（これも極端な場合）わざと事故を発生させて保険金を騙し取るケースもありえます．これが**モラルハザード**とよばれる事象です．

　いずれにしてもこうした事象の核心は，被保険者の運転に関わる属性や行動が本人のみに観察可能な私的情報であり，保険会社には容易に観察できないことです．こうした取引（契約）当事者間で保有する情報量に違いがある状況を**非対称情報**といいます．

　保険に限らず非対称情報に直面する状況はかなりあり，そこから生じうる諸問題を解決するさまざまな手段が設計されています．本節で注目するのは契約の結び方に関する問題です．

2. 1. 金融契約

例題 3

　ある起業家が，難病 ABC 治療のための新薬開発を行う会社を設立しようとしている．新薬開発のための初期投資額は Z 円であり，他社に先駆けて開発に成功して特許を得た場合の利益は Y 円，他社が先に特許をとってしまった場合はゼロである．初期投資後は，起業家の努力レベルによって新薬開発の成功する確率が変化する．簡単化のため，起業家の努力レベルは高い (H) か低い (L) かの 2 種類しかないものとする．H の方が新薬開発の成功確率は高いが，余分な努力をするために起業家個人の効用は減少し，その減少分は金額換算で E 円とする．それぞれの努力レベルに対応する新薬開発の成功確率と，起業家の私的効用をまとめると下の表のようになる．

努力レベル	H	L
私的効用	$-E$	0
成功確率	p	q（ただし $q<p$）

　起業家の自己資金は A 円しかなく，初期投資額 Z 円の方が自己資金を上回っているので，起業家は不足分を銀行から借り入れなければならない．また銀行は上記情報を全て知っているが，一旦資金を融資してしまうと起業家の努力レベルは観察できないものとする．

① 新薬開発／特許取得に成功した場合の利益 Y 円を，予め起業家の取り分 Y_f 円と銀行の取り分 Y_b 円に配分すると決めておくものとする．起業家が危険中立的だとして H が選択されるためには，起業家の取り分はどのような条件を満たさなければならないか．

② 銀行も危険中立的だとする．ただし銀行は証券市場で国債に投資することもでき，その利子率を r とする．銀行が起業家に $(Z-A)$ 円融資するためには，銀行の取り分は最低限どれだけ必要か．

③ ①で求めた H を選択するための条件を満たしつつ，銀行が得ることのできる最大の取り分は幾らか．

④ ②と③の結果を用いて，起業家が銀行から資金調達するために必要
な最低限の自己資金を求めよ．

〔H14年度　一橋大学〕

　問題の意図を見やすくするために，問題文の内容を（仮想的な）時間の流れ
に沿って解読してみます．
　　・0期目：起業家と銀行が利益 Y を Y_f, Y_b に配分する交渉を行い，合意が
　　　　　なされた場合に限り銀行は $Z-A$ の融資を実行する．
　　・1期目：起業家が（銀行には観察不可能な）努力レベルを選択する[3]．
　　・2期目：起業家の努力の成果が明らかになり，成功した場合，0期目に定
　　　　　めた事項に沿って利益配分が行われる．
2期目になれば起業家・銀行双方とも新たな選択に迫られることがないので，
それ以前の時点で何をどう選択するかを考えるのがポイントになります．なお
起業家・銀行双方とも危険中立者ですから，意思決定の基準は期待所得の大小
で行われます．
　① 1期目における起業家の問題です．この時点で努力の成果は確実には分
かりませんから，起業家が H を選択したときの期待効用は，期待される取り
分から努力による私的（不）効用（の金額換算）を控除した pY_f-E，他方 L
を選択したときのそれは qY_f でそれぞれ表されます．よって起業家が確実に
H を選択するには，

$$pY_f-E \geq qY_f \Leftrightarrow Y_f \geq \frac{E}{p-q} \tag{11-3}$$

を満たさなければなりません．これを**誘引両立条件**（以下 IC 条件）といいます[4]．
　② 0期目に直面する銀行の問題です．この時点では起業家の努力の成果も
彼がどの努力レベルを選択するかも確実には分かりません．しかしここでは，
起業家に H を確実に選択させることを念頭において解いていきます．起業家

---

[3] なお問題文にはありませんが，社会的には努力レベル H を選択するのが望ましい，
すなわち，$pY-Z-E>qY-Z>0$ という不等式が成立しているものとします．
[4] これは0期目に起業家が努力レベルを H にすると約束したことを1期目に確実に実
行させる，言い換えると，彼にウソをつかせないための条件なわけです．

に融資した場合の銀行の期待効用は pY_b，代替的資産運用先である国債を購入した場合の効用は $r(Z-A)$ でそれぞれ与えられます．よって銀行がこの起業家への融資を実行するには①と同様の議論から，

$$pY_b \geq r(Z-A) \Leftrightarrow Y_b \geq \frac{r(Z-A)}{p} \tag{11-4}$$

を満たさなければならず，$r(Z-A)/p$ が Y_b の下限値となります．なお(11-4)式を**個人合理性条件**（以下 IR 条件）といいます[5]．

　③④　まず $Y_f + Y_b = Y$ を用いて(11-3)式を変形します．

$$Y_b \leq Y - \frac{E}{p-q}$$

ここから Y_b の上限値は $Y-E/(p-q)$ で与えられます（③の答）[6]．これと(11-4)式より，銀行の取り分が意味のある範囲で存在するためには，

$$\frac{r(Z-A)}{p} \leq Y_b \leq Y - \frac{E}{p-q} \tag{11-5}$$

を満足しなければなりません[7]．よって(11-5)式から融資を受けるのに最低限必要な起業家の自己資金は，

---

5)　あるいは**参加制約条件**といい，これは銀行がこの起業家と契約を結ぶことが望ましいことを保証するための条件を表しています．

6)　脚注3より，この値は確実にプラスになります．

7)　銀行が②で起業家に努力させなくてもいいからとにかく融資したいと考えた場合，
$$Y_b \geq r(Z-A)/q \tag{i}$$
を満たします（$p>q$ より，これは(11-4)式よりも大きい）．このもとで起業家が本当に努力しなかったとします．すると(11-3)式の不等号の向きが逆になり，③の答えは，
$$Y_b \geq Y - E/(p-q)$$
となります．よって Y_b が，
$$Y_b \geq \max\{r(Z-A)/q, Y-E/(p-q)\} \tag{ii}$$
であることを起業家が受け入れる限り，融資は実行されます．ここで $\max\{\ ,\ \}$ は2つの値のうち大きい方で規定されることを表します．一方(i)式を満足するもとで起業家が努力した場合，(11-5)式は，
$$r(Z-A)/q \leq Y_b \leq Y - E/(p-q)$$
に修正され，ここから融資に最低限必要な自己資金は，
$$A = Z - (q/r)(Y-E/(p-q))$$
と計算でき，④の答えより大きくなります．
　以上のことから，次のことが言えます．
(1)　自己資金が多いほど銀行からの融資は受けやすく，起業家自身も努力する．
(2)　銀行の取り分が多いほど，起業家は努力しなくなる．

$$A = Z - \frac{p}{r}\left(Y - \frac{E}{p-q} \right)$$

と求めることができます（④の答）．

2．2．部品調達契約

> **例題4**
>
> 　自動車メーカーが，部品を供給するサプライヤーと部品調達に契約を結ぶ問題を考える．次の文章を読んで以下の設問に答えなさい．
>
> 　部品の品質を x とする．メーカーの収入を $b[x]$；$b'>0, b''<0$ とする．サプライヤーのタイプを $i \in (L, H)$ で表す．いずれかのタイプである確率はおのおの $1/2$ とする．タイプ i サプライヤーの限界費用を θ_i で表し，$0<\theta_L<\theta_H$ とする．タイプ i サプライヤーの費用関数を $c_i[x]=\theta_i x$ とする．部品の品質が x，部品の価格が w のときのタイプ i サプライヤーの効用関数を $u_i[x,w]=w-c_i[x]$ とする．メーカーの効用を $b[x]-w$ とする．ここで情報の非対称性があり，メーカーはサプライヤーのタイプが分からない．そこで，メーカーはサプライヤーに対して「品質 x_i に対して価格 w_i を支払う」という契約を提示する．サプライヤーが契約を受け入れる場合，契約通りサプライヤーは部品を調達し，メーカーは価格を支払う．
>
> ① 　$b[x_i], w_i$；$i \in (L, H)$ を用いて，メーカーの期待効用を表しなさい．
>
> ② 　w_i, θ_i, x_i；$i \in (L, H)$ を用いて各タイプのサプライヤーがメーカーの提示する契約を受け入れる「参加条件」をそれぞれ示しなさい（留保効用はゼロとする）．
>
> ③ 　w_i, θ_i, x_i；$i \in (L, H)$ を用いて，各タイプのサプライヤーが自分のタイプを偽って契約を受け入れても効用が増加しないという「誘引両立条件」をそれぞれ表しなさい．
>
> ④ 　この問題設定の場合，等号で成立する制約条件は，H タイプの参加条件と L タイプの誘引両立条件であることが知られている．内点解が存在するとして，メーカーの期待効用の制約条件つき最大化問題を (x_L^*, x_H^*) とする．問題の一階の条件として，$b'[x_L^*], b'[x_H^*]$ を $\theta_L,$

θ_H を用いてそれぞれ表しなさい.

〔H16年度　京都大学〕

①　自動車メーカーの目的は自身の効用最大化のために契約条件 (x_i, w_i) を決定することですが,条件決定時点ではどのタイプのサプライヤーがこの条件を受け入れるか分かりません.そこで契約条件の決定における期待効用を定めます.いまこれを Ev とすると,

$$Ev = \frac{1}{2}(b[x_H] - w_H) + \frac{1}{2}(b[x_L] - w_L) \tag{11-6}$$

となります.

②　ここで言う「参加条件」とは例題3の IR 条件に該当します.いまサプライヤー i が契約条件を拒否したときの利得(留保効用)がゼロであることから,

$$w_i - \theta_i x_i \geq 0 \tag{11-7}$$

が答えになります.

③　自動車メーカーはサプライヤーのタイプ(生産技術)か観察できません.サプライヤーはそのことを逆手にとって,虚偽の報告を自動車メーカーにして利益を得るケースもありえます.そこでここでの IC 条件は,サプライヤーに虚偽の報告をさせないようにするために設定される制約です.

$$w_L - \theta_L x_L \geq w_H - \theta_L x_H \tag{11-8a}$$

がタイプ L の IC 条件,そしてタイプ H のそれは,

$$w_H - \theta_H x_H \geq w_L - \theta_H x_L \tag{11-8b}$$

で与えられます.

④　問題文にしたがって,タイプ H の IR 条件およびタイプ L の IC 条件が等号で成立しているとします.これを念頭において,以下の最適化問題を解きます.

$$\textit{Maximize} \quad (11\text{-}6)$$

$$\textit{Subject to} \quad \begin{cases} w_H - \theta_H x_H = 0 \\ (11-8a) \end{cases}$$

次にラグランジェ関数を定義します.

$$\Lambda[x_L, x_H, w_L, w_H]$$

$$= \frac{(b[x_L] - w_L) + (b[x_H] - w_H)}{2} + \lambda(w_H - \theta_H x_H) + \mu(w_L - \theta_L x_L - w_H + \theta_L x_H)$$

ここで λ はタイプ H の IR 条件にかかるラグランジェ乗数，μ はタイプ L の IC 条件にかかるラグランジェ乗数です．ここから x_i, w_i に関する一階の条件を導出します．

$$\frac{\partial \Lambda}{\partial x_L} = 0 \Leftrightarrow \frac{1}{2}b'[x_L] - \mu\theta_L = 0 \qquad (11\text{-}9a)$$

$$\frac{\partial \Lambda}{\partial x_H} = 0 \Leftrightarrow \frac{1}{2}b'[x_H] - \lambda\theta_H + \mu\theta_L = 0 \qquad (11\text{-}9b)$$

$$\frac{\partial \Lambda}{\partial w_L} = 0 \Leftrightarrow -\frac{1}{2} + \mu = 0 \qquad (11\text{-}9c)$$

$$\frac{\partial \Lambda}{\partial w_H} = 0 \Leftrightarrow -\frac{1}{2} + \lambda - \mu = 0 \qquad (11\text{-}9d)$$

(11-9) の c, d 式から $\lambda = 1, \mu = 1/2$ ですから，ここから (11-9) の a, b 式は，

$$b'[x_L] = \theta_L \qquad (11\text{-}10a)$$

$$b'[x_H] = 2\theta_H - \theta_L \qquad (11\text{-}10b)$$

とまとめることができます．(11-10) 式を満足する部品の質を x_i^* とし，(11-10b) 式の両辺から (11-10a) 式の両辺を引きます．

$$b'[x_H^*] - b'[x_L^*] = 2(\theta_H - \theta_L) > 0$$

問題文から $\theta_L < \theta_H$ だからこの計算結果は必ず正値をとり，メーカーの収益関数の性質から，この結果は $x_L^* > x_H^*$ であることを意味しています[8]．

8）(11-10b) 式で決まる x_H^* をタイプ H の IR 条件に代入して，メーカーがタイプ H サプライヤーに支払う部品価格は $w_H^* = \theta_H x_H^*$ と求まり，これと (11-10a) 式で決まる x_L^* をタイプ L の IC 条件に代入すれば，

$$w_L^* = (\theta_H - \theta_L)x_H^* + \theta_L x_L^*$$

とメーカーがタイプ L サプライヤーに支払う部品価格がそれぞれ計算できます．当然ですが，$w_L^* > w_H^*$ が成立します．

ここで計算された最適解の組合せが，残り 2 つの制約条件を満足するかどうかをチェックしてみましょう．まずタイプ L の IR 条件に関しては，

$$w_L^* - \theta_L x_L^* = (\theta_H - \theta_L)x_H^* > 0$$

であり，等号のつかない不等式になります．次にタイプ H の IC 条件は，

$$w_H^* - \theta_H x_H^* = 0 > w_L^* - \theta_H x_L^* = (\theta_H - \theta_L)(x_H^* - x_L^*)$$

となります．ここで $x_L^* > x_H^*$ なので，これも等号のつかない不等式となります．

以上のことから，次の 2 点が主張できます．

2. 3. 補足的解説

例題3の銀行や例題4の自動車メーカーを一般に**プリンシパル**，そして起業家やサプライヤーを一般に**エージェント**といいます．もしプリンシパルがエージェントの取りうる属性や努力を完全に捕捉可能であるならば，彼らは属性や努力に応じた契約条件をエージェントに提示できるはずです．しかもその内容はエージェントが拒否するものでもないはずです．こうしたありうるすべての状況を盛り込んだ契約のことを**完備契約**といいます．

ところが例題3では銀行は起業家の（契約後の）努力を観察できず，モラルハザードが生じうる状況にありました．少し正確に言うと，起業家の努力を観察（ないしは裁判などで起業家の努力水準を立証）するために費用が多大にかかるケースが考えられていました．こうした費用をかけてでも銀行は融資額を回収しようとはしますが，これ自体は最初に交わした契約内容が完備ではない，つまり**不完備契約**だったことを（皮肉にも）証明しています．もちろん銀行としてみれば，余分の費用をかけることなく融資額を回収したい．そのために確実に言えることは，起業家に努力をさせればいい（この例題では努力させたところで失敗する可能性はあるが，努力させないよりはマシである）．そのために，銀行は事業成功時の取り分 Y_b を通じて起業家に努力する**インセンティブ**をどのように引き出すか，そんな問題だったわけです[9]．

---

(1) タイプ H が契約交渉に参加する（(11-7)式が等号で成立する）ギリギリの条件提示 (x_H^*, w_H^*) を選ぶことができれば，（彼の IC 条件が不等号で成立するという意味で）虚偽の報告はしない．

(2) タイプ L が虚偽の報告をしない（(11-8a)式が等号で成立する）ギリギリの条件提示 (x_L^*, w_L^*) を選ぶことができれば，（彼の IR 条件が不等式になるという意味で）必ず契約交渉に参加する．

つまり，（ここでは）4つある制約条件のうち2つが等号で成立する（これを **bind** するという）という意味で制約の意味を持つならば，残り2つは不等式で成立する（これを **bind** しないという）という意味で制約の意味を持たないことを示しています．

9) 3点補足します．

(1) モラルハザードは契約成立後における契約相手の観察不可能な行動に起因していると見ることができ，これを**隠された行動**という場合があります．

(2) 他方，エージェントの行動を（結果か明らかになる前に）プリンシパルが費用をかけて監視することを**モニタリング**といいます．

(3) 上記モニタリング・コストにモラルハザードで生じる利益の減少分などの合計を，**エージェンシー・コスト**といいます．

　他方例題4ではサプライヤーが努力を怠る状況ではなく，確実に努力をします．しかしその努力の成果が自動車メーカーの望まないもの（質の悪い部品が提供される）になるかもしれない．それはサプライヤーの持つ生産技術に起因しますが，肝心の自動車メーカーがそのことを観察できません．これは契約条件によっては逆選択が生じる状況に該当します．そこで例題4では，自動車メーカーがサプライヤーに自分の持つ生産技術（＝タイプ）を顕示させる契約条件 (x_i, w_i) を提示する状況が考えられていました．これを**スクリーニング**といい，この基本的性質を見るのが例題4の意図だったわけです[10]．

練習問題

問題1

　総資産額が4,000万円の個人が5％の確率でおきる事故のリスクに直面している．事故が起きた場合，個人は資産のすべてを失う．

　この個人に対して保険会社は次のような保険を販売する．

・事故が起きた際に保険会社は個人に対して，保険1口当たり10万円の保険金を支払う．

・保険料は1口当たり1万円で，事前に資産の中から支払うものとする．

　個人の効用関数は，

$$U = \log Y$$

で与えられるとする．ただし Y は資産額である．

① 　保険の公平な保険料を求めなさい．

② 　個人が購入する保険の口数を H とするとき，期待効用を式で表しなさい．

③ 　期待効用を最大にするように行動する個人が購入する保険の口数を求めなさい．

---

10)　2点さらに補足しておきます．

(1)　逆選択は契約成立前における契約相手の観察不可能な属性に起因していると見ることができ，これを隠された情報という場合があります．

(2)　他方，情報を持つ主体が費用をかけて情報を持たない主体に信用できうる情報を伝達する方法を**シグナリング**といいます．

④　③の場合，保険会社の期待収益を計算しなさい．

⑤　個人資産の全額をカバーする，すなわち保険を400口購入するのは，保険料がいくらのときか求めなさい．

〔H20年度　広島大学〕

問題2

　時価評価3000万円の家屋に対して火災保険をかけるケースを考えてみよう．全焼火災の発生確率を p とし，保険金を z，保険料を x とする．保険会社は危険中立的であり，完全競争にあり，保険会社の期待利潤はゼロになるまで引き下げられている．保険会社は保険料と保険金の関係を $z = tx$ と設定している．t は保険料率を表している．

①　保険会社は保険料率 t をどのように設定するだろうか？

②　危険回避的な被保険者と危険中立的な保険会社の間で結ばれる最適保険はどのように設定されるだろうか？ちなみに，火災が起きない場合の家計の利得は $3000-x$，全焼火災が起きた場合の利得は $z-x$ であるとする．

③　被保険者がある程度努力（e）を払えば火災防止になり，全焼火災の確率は低下すると考えられる．すなわち $p=p[e], e \geq 0, p'[e]<0$ とする．保険会社は被保険者の努力を観察できないので，すべての保険加入者に同じ保険料率（$t=z/x$）を課すとする．被保険者は保険料と火災防止のための努力を決定する．火災防止のための努力水準はこの保険のもとでどのように決まるだろうか？また，被保険者の火災防止努力と保険契約の関係について考察しなさい．

〔H18年度　一橋大学〕

読書案内

　ここではミクロ経済学および経済数学を勉強するに当たって，有用と思われる書籍を幾つか挙げておきます．

　　〔1〕A．C．チャン（著）／大住・小田・高森・堀江（訳）〔1979〕『現代経済学の数学基礎』（上・下）マグロウヒル
　　〔2〕西村和雄〔1982〕『経済数学早わかり』日本評論社

　〔1〕は今でも読まれている経済数学のテキストで，ミクロ経済学に必要な内容は上巻に掲載されています．〔2〕は練習問題の一切ない珍しい経済数学のテキストですが，数学のイメージ付けには格好です．

　　〔3〕水野勝之〔2004〕『テキスト経済数学』（第2版）中央経済社
　　〔4〕武隈慎一・石村直之〔2003〕『基礎コース経済数学』新世社

これらは経済学への利用を念頭においた経済数学の初級テキストであり，スタイルとしては本書と類似しています．

　　〔5〕中井達〔2008〕『経済数学（線型代数編）』ミネルヴァ書房
　　〔6〕中井達〔2008〕『経済数学（微分積分編）』ミネルヴァ書房
　　〔7〕岡田章〔2001〕『経済学・経営学のための数学』東洋経済新報社
　　〔8〕小山昭雄〔1994〕『経済数学教室（1～8・別巻）』岩波書店

これらはいずれも本格的な経済数学のテキストです．その中でも〔5〕〔6〕は分野を絞って丁寧に解説し，〔7〕は線型代数や微分に関する諸定理をコンパクトに説明していてわかりやすいです．〔8〕はもっとも経済数学を体系的に解説したテキストです．ただしこれを最初から最後までを読破するのは至難の業なので，分からない所に出くわしたら紐解くという形で利用すればいいでしょう．

　もしこれらの書籍にチャレンジしてどうしても歯が立たないようなら，高校数学に立ち返って数多くの計算問題をこなすことをお勧めします．数学は目で追いかけて即座に理解できる分野ではなく，紙と鉛筆で確認しながら理解を深めるものです．そのことを身体で覚えておいた方が，数学をマスターするには

早道だと個人的には思っています.

次にミクロ経済学関連の書籍を若干紹介しましょう.

〔9〕塩澤修平・石橋孝次・玉田康成（編著）〔2006〕『現代ミクロ経済学中級コース』有斐閣

〔10〕西村和雄〔1990〕『ミクロ経済学』東洋経済新報社

〔11〕奥野正寛・鈴村興太郎〔1985〕『ミクロ経済学Ⅰ・Ⅱ』岩波書店

〔12〕矢野誠〔2001〕『ミクロ経済学の応用』岩波書店

〔9〕は中級テキストで，ゲーム理論や契約理論まで網羅してあります.〔10〕および〔11〕はやや旧いですが，数学を駆使したミクロ分析をオーソドックスに解説しています.〔12〕はミクロ経済分析の広い応用可能性について解説したもので，かなりのボリュームはありますが，読み応えのあるものです.

〔13〕小田切宏之〔2001〕『新しい産業組織論』有斐閣

〔14〕丸山雅祥・成生達彦〔1997〕『現代のミクロ経済学』創文社

〔15〕伊藤秀史・小佐野広（編著）〔2005〕『インセンティブ設計の経済学』勁草書房

〔13〕は産業組織論の入門書で，内容は高度であっても平易に解説しています.産業組織論を勉強するにはお勧めです.〔14〕はゲーム理論や契約理論，産業組織論などで必要となるツールを正面から解説しています.近年のミクロ分析で必要なツールを勉強するにはいいかもしれません.〔15〕は論文集という体裁をとっていますが，近年のミクロ分析における潮流の1つであるインセンティブ設計の基礎を勉強するには格好です.

最後になりましたが，本書で十分扱えなかったゲーム理論に関するテキストを紹介しておきます.

〔16〕R.ギボンズ（著）／福岡・須田（訳）〔1995〕『経済学のためのゲーム理論入門』創文社

〔17〕船木由喜彦〔2004〕『演習ゲーム理論』新世社

練習問題解答

第1章

問題 1

$$x=\frac{\begin{vmatrix} 18 & 1 & 8 \\ 16 & -2 & 5 \\ -15 & 0 & -3 \end{vmatrix}}{\begin{vmatrix} 4 & 1 & 8 \\ 3 & -2 & 5 \\ 6 & 0 & -3 \end{vmatrix}}=-1, \quad y=\frac{\begin{vmatrix} 4 & 18 & 8 \\ 3 & 16 & 5 \\ 6 & -15 & -3 \end{vmatrix}}{\begin{vmatrix} 4 & 1 & 8 \\ 3 & -2 & 5 \\ 6 & 0 & -3 \end{vmatrix}}=-2,$$

$$z=\frac{\begin{vmatrix} 4 & 1 & 18 \\ 3 & -2 & 16 \\ 6 & 0 & -15 \end{vmatrix}}{\begin{vmatrix} 4 & 1 & 8 \\ 3 & -2 & 5 \\ 6 & 0 & -3 \end{vmatrix}}=3$$

問題 2

① 与えられた行列から条件を計算する.

$$A^2=\begin{pmatrix} -\lambda^2+4\lambda+16 & \lambda \\ 4-\lambda & -\lambda^2+4\lambda+9 \end{pmatrix}=\begin{pmatrix} 4 & \lambda \\ 4-\lambda & -3 \end{pmatrix}$$

対角成分に注目すれば $(\lambda-6)(\lambda+2)=0$ だから, $\lambda=-2,6$ となる.

② $\lambda=-2$ のとき $A=\begin{pmatrix} 4 & -2 \\ 6 & -3 \end{pmatrix}$ である. ここで固有値を μ とすれば固有

方程式,

$$\begin{vmatrix} \mu-4 & 2 \\ -6 & \mu+3 \end{vmatrix}=\mu(\mu-1)=0$$

より固有値は $0,1$ である. そして α をゼロでない任意定数として, 各固有値に対応する固有ベクトルは以下のとおり計算できる.

$$\mu=0 \text{ のとき } \alpha\begin{pmatrix} 1 \\ 2 \end{pmatrix}, \quad \mu=1 \text{ のとき } \alpha\begin{pmatrix} 2 \\ 3 \end{pmatrix}$$

他方 $\lambda=6$ のとき $A=\begin{pmatrix} 4 & 6 \\ -2 & -3 \end{pmatrix}$ である．固有方程式，

$$\begin{vmatrix} \mu-4 & 6 \\ -2 & \mu+3 \end{vmatrix}=\mu(\mu-1)=0$$

より固有値は 0,1 で同じである．そして固有ベクトルは以下のとおり計算できる．

$$\mu=0 \text{ のとき } \alpha\begin{pmatrix} 3 \\ -2 \end{pmatrix}, \quad \mu=1 \text{ のとき } \alpha\begin{pmatrix} -2 \\ 1 \end{pmatrix}$$

問題3

① 38　② −21

③ 固有方程式 $(\lambda-7)(\lambda+3)=0$ より $\lambda=-3,7$ が固有値であり，各固有値に対応する固有ベクトルは以下のとおり．

$$\lambda=-3 \text{ のとき } \alpha\begin{pmatrix} 1 \\ -1 \end{pmatrix}, \quad \lambda=7 \text{ のとき } \alpha\begin{pmatrix} 4 \\ 1 \end{pmatrix}$$

第2章

問題1

① いろいろな変数変換の方法があるが，ここでは $1/(1+x)\equiv t$ とおく．分数関数の微分公式より $t'=-1/(1+x)^2$ だから，

$$f'[x]=(C+2Ct+3Ct^2)\left(-\frac{1}{(1+x)^2}\right)=-\frac{C}{(1+x)^2}-\frac{2C}{(1+x)^3}-\frac{3C}{(1+x)^4}$$

② $\log x \equiv t$ とおく．これと例題3の①を使って答えを出す．

$$f'[x]=\frac{1}{2\sqrt{t}}\cdot\frac{1}{x}=\frac{1}{2x\sqrt{\log x}}$$

③ $2x/(3x+4)\equiv t$ とおけば $t'=8/(3x+4)^2$ であり，この結果と合成関数の微分公式を使う．

$$f'[x]=\frac{t'}{t}=\frac{4}{x(3x+4)}$$

（コメント）③については与式に対数法則より，

$$f[x] = \log(2x) - \log(3x+4)$$

と書き換えておいてから，右辺第2項について合成関数の微分公式を利用しても構いません．

問題2

与式を x で微分するが，左辺は対数微分法が成り立つことに注意する．

$$\frac{y'}{y} = \frac{a}{x} + k$$

そして与式の対数をはずせば $y = x^a e^{kx-c}$ であって，ここから答えを求める．

$$y' = x^a e^{kx-c}\left(\frac{a}{x} + k\right)$$

問題3

与式は $(-\infty/\infty)$ 型の不定形であるが，(2-10)式を使っても不定形になる．そこで分母分子を個別に2階微分する．

$$\lim_{x\to\infty}\frac{-5x^2+4}{x^2+4x-2} = \lim_{x\to\infty}\frac{-10}{2} = -5$$

問題4

まず x, y の条件式を連立方程式と見て，これらを u, v を使って表す．

$$x = \frac{u+v}{2}, y = \frac{u-v}{2}$$

こうすることで(2-16)式を利用できる．

$$\frac{\partial z}{\partial u} = \frac{\partial f}{\partial x}\frac{\partial x}{\partial u} + \frac{\partial f}{\partial y}\frac{\partial y}{\partial u} = \frac{1}{2}\left(\frac{\partial f}{\partial x} + \frac{\partial f}{\partial y}\right)$$

$$\frac{\partial z}{\partial v} = \frac{\partial f}{\partial x}\frac{\partial x}{\partial v} + \frac{\partial f}{\partial y}\frac{\partial y}{\partial v} = \frac{1}{2}\left(\frac{\partial f}{\partial x} - \frac{\partial f}{\partial y}\right)$$

問題5

① $\begin{pmatrix} a & b \\ \alpha & \beta \end{pmatrix}\begin{pmatrix} dx \\ dy \end{pmatrix} = \begin{pmatrix} dc \\ d\gamma \end{pmatrix}$

② $a\beta - b\alpha \neq 0$ として(1-4)式を利用する．

$$x = \frac{\begin{vmatrix} dc & b \\ d\gamma & \beta \end{vmatrix}}{\begin{vmatrix} a & b \\ \alpha & \beta \end{vmatrix}} = \frac{\beta dc - bd\gamma}{a\beta - b\alpha}$$

ここで $d\gamma = 0$ とすれば,

$$\frac{\partial x}{\partial c} = \frac{\beta}{a\beta - b\alpha}$$

第3章

問題1

与式から一階の条件を導出する.

$$\frac{\partial f[x,y]}{\partial x} = 0 \Leftrightarrow 4x^3 - 2x + 2y = 0 \tag{1}$$

$$\frac{\partial f[x,y]}{\partial y} = 0 \Leftrightarrow 4y^3 - 2y + 2x = 0 \tag{2}$$

(1)式および(2)式を整理すると $(x+y)(x^2 - xy + y^2) = 0$ が得られる. このうち,

$$x^2 - xy + y^2 = \left(x - \frac{1}{2}y\right)^2 + \frac{3}{4}y^2$$

であり, これはすべての y に対して $x = (1/2)y$ のとき最小値 $(3/4)y^2$ をもつ. ところがこの最小値は非負であるから, $x^2 - xy + y^2 = 0$ を満たす x, y の組合せは $x = y = 0$ 以外に存在しない. ゆえに最適条件は $x = -y$ で与えられる.

次にヘッセ行列を用いて二階の条件を調べる. (1)式および(2)式をもう一度 x, y で偏微分した上で最適条件を代入して, ヘッセ行列を定義する.

$$H = \begin{pmatrix} 2(6y^2 - 1) & 2 \\ 2 & 2(6y^2 - 1) \end{pmatrix} \tag{3}$$

ここで $6y^2 - 1 = (\sqrt{6}y + 1)(\sqrt{6}y - 1)$ であるから,

 (a) $y < -1/\sqrt{6}, y > 1/\sqrt{6}$ のとき $6y^2 - 1 > 0$

 (b) $-1/\sqrt{6} < y < 1/\sqrt{6}$ のとき $6y^2 - 1 < 0$

という条件が得られる. 次に(3)の行列式から得られる条件を調べる.

 (c) $\begin{vmatrix} 2(6y^2 - 1) & 2 \\ 2 & 2(6y^2 - 1) \end{vmatrix} = 48y^2(3y^2 - 1) > 0 \Leftrightarrow y < -\frac{1}{\sqrt{3}}, y > \frac{1}{\sqrt{3}}$

ここで(b)と(c)を同時に満足する y は存在しない. よって (A) $x > 1/\sqrt{3}$ かつ

$y<-1/\sqrt{3}$, または(B) $x<-1/\sqrt{3}$ かつ $y>1/\sqrt{3}$ のとき, $x+y=0$ を満たす x, y は極小値に対応し, さもなくば極大値にも極小値にも対応しない.

問題2

ラグランジェ関数は,

$$\Lambda \equiv X^2 + Y^2 + \lambda(4-X-2Y)$$

と定義でき, 一階の条件を通じて最適条件を導出する.

$$\frac{\partial \Lambda}{\partial X}=0 \Leftrightarrow 2X-\lambda=0, \quad \frac{\partial \Lambda}{\partial Y}=0 \Leftrightarrow 2(Y-\lambda)=0 \rightarrow Y=2X$$

最適条件と制約条件から,

$$(X^*, Y^*)=\left(\frac{4}{5}, \frac{8}{5}\right)$$

と計算でき, その最小値は 16/5 と簡単に求められる.

問題3

ラグランジェ関数を,

$$\Lambda \equiv xyz + \lambda(1-x-2y-3z)$$

と定義して, 一階の条件を導出する.

$$\frac{\partial \Lambda}{\partial x}=0 \Leftrightarrow yz-\lambda=0, \quad \frac{\partial \Lambda}{\partial y}=0 \Leftrightarrow xz-2\lambda=0, \quad \frac{\partial \Lambda}{\partial z}=0 \Leftrightarrow xy-3\lambda=0$$

これらを整理すれば, $x=2y, z=(2/3)y$ が最適条件として得られ, これと制約条件から,

$$(x^*, y^*, z^*)=\left(\frac{1}{3}, \frac{1}{6}, \frac{1}{9}\right)$$

と計算できる. このときの極値（厳密な計算は省略するが極大値）は 1/162 である.

問題4

① ラグランジェ関数を,

$$\Lambda = \alpha(x^\alpha + y^\alpha) + \lambda(I-p_x x - p_y y)$$

と定義して, 一階の条件から最適条件を導出する.

$$\frac{\partial \Lambda}{\partial x}=0 \Leftrightarrow \alpha^2 x^{\alpha-1} - \lambda p_x = 0 \tag{1}$$

$$\frac{\partial \Lambda}{\partial y} = 0 \Leftrightarrow \alpha^2 y^{\alpha-1} - \lambda p_y = 0 \tag{2}$$

$$y = \left(\frac{p_x}{p_y}\right)^{1/(1-\alpha)} x \tag{3}$$

(3) 式と制約条件を連立させて答えを求める.

$$(x^*, y^*) = \left(\frac{I}{Q} p_x^{-1/(1-\alpha)}, \frac{I}{Q} p_y^{-1/(1-\alpha)}\right) \tag{4}$$

ただし $Q \equiv p_x^{-\alpha/(1-\alpha)} + p_y^{-\alpha/(1-\alpha)} > 0$ である.

② (1),(2)式および制約条件式を使って, 縁つきヘッセ行列を定義する.

$$\begin{pmatrix} 0 & -p_x & -p_y \\ -p_x & \alpha^2(\alpha-1)(x^*)^{\alpha-2} & 0 \\ -p_y & 0 & \alpha^2(\alpha-1)(y^*)^{\alpha-2} \end{pmatrix}$$

これを使って(4)式が目的関数の極大値に対応するかどうかを調べる.

$$-H_2 = p_x^2 > 0 \tag{5a}$$

$$H_3 = \alpha^2(1-\alpha)\{p_x^2(y^*)^{\alpha-2} + p_y^2(x^*)^{\alpha-2}\} > 0 \tag{5b}$$

問題で仮定されている α の範囲を考えると(5b)式は必ず満足する. よって(4)式は極大値に対応する.

第4章

問題1

$$Maximize \quad u = \sqrt{xy}$$

$$Subject \ to \quad 5x + 10y = 140 \tag{1}$$

を解く. ラグランジェ関数は,

$$\Lambda \equiv \sqrt{xy} + \lambda(140 - 5x - 10y)$$

と定義でき, 一階の条件,

$$\frac{\partial \Lambda}{\partial x} = 0 \Leftrightarrow \sqrt{\frac{y}{x}} - 5\lambda = 0, \quad \frac{\partial \Lambda}{\partial y} = 0 \Leftrightarrow \sqrt{\frac{x}{y}} - 10\lambda = 0$$

より最適条件は,

$$y = \frac{1}{2}x \tag{2}$$

となる. よって(1)式および(2)式を連立させて, $(x^*, y^*) = (14, 7)$ が答えとなる.

問題2

① $p_1 x_1 + p_2 x_2 = m$

②
$$Maximize \quad u = x_1^{1/3} x_2^{2/3}$$
$$Subject\ to \quad p_1 x_1 + p_2 x_2 = m \tag{1}$$

を解く．ラグランジェ関数は，

$$\Lambda \equiv x_1^{1/3} x_2^{2/3} + \lambda\,(m - p_1 x_1 - p_2 x_2)$$

と定義でき，一階の条件，

$$\frac{\partial \Lambda}{\partial x_1} = 0 \Leftrightarrow \frac{1}{3} x_1^{-2/3} x_2^{2/3} - p_1 \lambda = 0, \quad \frac{\partial \Lambda}{\partial x_2} = 0 \Leftrightarrow \frac{2}{3} x_1^{1/3} x_2^{-1/3} - p_2 \lambda = 0$$

より最適条件は，

$$x_2 = \frac{2p_1}{p_2} x_1 \tag{2}$$

となる．

③ (1)式および(2)式より計算できる．

$$(x_1^*, x_2^*) = \left(\frac{m}{3p_1}, \frac{2m}{3p_2} \right) \tag{3}$$

④ (3)式を目的関数に代入して，$V = 2^{2/3} m / 3 (p_1 p_2^2)^{1/3}$ となる．

⑤ (3)式を与式に代入して，$p_1 x_1^* / m = 1/3$ となる．

（コメント）所得に占めるある財への支出割合を**エンゲル係数**といいます．⑤ ではそれが一定の 1/3 であり，この値は問題の効用関数において x_1 にかかる 指数に一致します．この結果は，効用関数にかかる指数がその財に対するエン ゲル係数を表していると解釈できます．

問題3

ロワの恒等式を使う．

$$-\frac{\partial V / \partial p_x}{\partial V / \partial m} = \frac{m^2 / 4 p_x^2 p_y}{m / 2 p_x p_y} = \frac{m}{2p_x}$$

この結果と一致するのは選択肢(1)のみである．

問題4

① $T = L + W$ と $Y = pW$ を目的関数に代入して，これを W のみの関数 として定義する．

$$U = (T - W)((1+p)W + 50 - T) \equiv V[W]$$

よって一階の条件，$-2(1+p)W - 50 + (2+p)T = 0$ から，

$$W^* = \frac{(2+p)T - 50}{2(1+p)} \tag{1}$$

が答えとなる．

② まず(1)式を p で微分する．

$$\frac{dW^*}{dp} = \frac{50 - T}{2(1+p)^2}$$

よって答えは次のようになる．

$$\left| \frac{dW^*}{dp} \frac{p}{W^*} \right| = \frac{p(50 - T)}{(1+p)[(2+p)T - 50]}$$

③ $p \to \infty$ のとき(1)式は ∞/∞ 型の不定形となる．そこで(2-10)式を使う．

$$\lim_{p \to \infty} W^* = \lim_{p \to \infty} \frac{T}{2} = \frac{T}{2}$$

問題5

① a を正の定数として $U = a$ を仮定する．このとき与式から無差別曲線が $x, y > 0$ の範囲で，

$$y = -x + \sqrt{a}$$

となって，右下がりの直線となる．これは財の選好順序として完全代替のケースに該当する．よって選択し(b)が正しい．

② 制約条件 $2x + y = 10$ を y について解き，それを目的関数に代入すると $U = (x - 10)^2$ となり，これは $x = 10$ のとき最小値 0 をもつ 2 次関数である．いまの制約条件のもとで購入可能な x 財の上限は 5 である．よって，この結果は x を減らすほどに効用が増加することを意味する．よって求める答えは $(x^*, y^*) = (0, 10)$ となる．

第5章

問題1

生産要素にかかる指数の和が 1 未満なので(5-9)式が成立し，生産関数を用いた直接的な利潤最大化問題を解けばいい．

$$Maximize \quad \pi = p\,(30K^{1/3}L^{1/2}) - 10L - 10K$$

から答えを導出する．

$$\frac{\partial \pi}{\partial L} = p \cdot 15K^{1/3}L^{-1/2} - 10 = 0 \tag{1}$$

$$\frac{\partial \pi}{\partial K} = p \cdot 10K^{-2/3}L^{1/2} - 10 = 0 \tag{2}$$

が一階の条件であり，ここから，

$$K = \frac{2}{3}L \tag{3}$$

が得られる．(1)（ないしは(2)）式および(3)式より $(L^*, K^*) = ((3/2)^4 p^6,$ $(3/2)^3 p^6)$ の要素需要の組合せが計算できるから，これを問題の生産関数に代入して答えに到達する．

$$y^* = \frac{405}{4}p^5$$

問題 2

① シェパードの補題から，問題の長期費用関数を要素価格 $w_i\ (i=1,2)$ で偏微分すると要素需要 x_i^0 が得られる．

$$\frac{\partial C}{\partial w_1} = (1 + \sqrt{w_2/w_1})\,y = x_1^0 \tag{1}$$

$$\frac{\partial C}{\partial w_2} = (1 + \sqrt{w_1/w_2})\,y = x_2^0 \tag{2}$$

② (1)式および(2)式から $\sqrt{w_2/w_1}$ を消去して，生産量と生産要素との関係を導出する．

$$y = \frac{x_1 x_2}{x_1 + x_2}$$

これが生産関数であるが，この結果は，

$$y = (x_1^{-1} + x_2^{-1})^{-1} \tag{3}$$

と書き換えることができる．(3)式は CES 型関数であることを示している．

③ 第2章例題8の②と同じである．(3)式の両辺の対数を取ればいい．

$$\left| \frac{d\log(x_2/x_1)}{d\log(w_1/w_2)} \right| = \frac{1}{2}$$

問題 3

① $ac[y]=2y+\dfrac{18}{y}$

② $\qquad\qquad Maximize \quad \pi=py-2y^2-18$

を解けばいい．一階の条件より供給関数が求められる．

$$y=\frac{1}{4}p \qquad\qquad (1)$$

③　利潤がゼロになるのは限界費用と平均費用が一致するときである．これ
は，

$$2y+\frac{18}{y}=4y$$

である．$y>0$ を前提すれば，ここから $y=3$ が得られ，これを(1)式に代入すれ
ば答えは12となる．

④ $\qquad\qquad Maximize \quad \pi^*=py-2y^2-20$

を解く．だが一階の条件から(1)式が得られ，供給関数は変わらない．固定費用
は生産しなくても発生する一定の費用だから，生産量の制御で固定費用が影響
を受けることがない．逆に言えば，固定費用の変化が生産量に影響を与えるこ
とはないからである．

問題 4

①　与えられている生産物価格と短期費用関数から，

$$Maximize \quad \pi=-x^3-3x^2+240x-550 \qquad\qquad (1)$$

を解けばいい．一階の条件は $\pi'=-3(x+10)(x-8)=0$ であり，$x>0$ を前提
にすると $x^*=8$ となる．これを(1)式に代入すれば最大利潤は666となる．

②　定額税とは生産量・生産物価格・利潤にも依存させない税金のことであ
る．だから定額税の課税は生産者にとれば固定費用の増加と同じ効果を持ち，
問題 3 の④より，生産量に影響はない（$x^{**}=8$）．だが最大利潤は定額税が課
税されるため，①の最大利潤より低い309となる．

③　従量税とは生産量 1 単位あたりに課税する税金のことである．いま従量
税率が51であることから，このケースは(1)式から $51x$ を控除した，

$$Maximize \quad \tilde{\pi}=-x^3-3x^2+189x-550 \qquad\qquad (2)$$

を解くことになる。一階の条件 $\tilde{\pi}' = -3(x+9)(x-7) = 0$ より，$\tilde{x} = 7$ がこの場合の生産量になる。これを(2)式に代入すればこの場合の最大利潤は283となる。

④ （第6章より）厳密に言えば社会的余剰は消費者余剰と生産者余剰の合計であるが，以下では生産者余剰のみに注目して解答する。

生産者余剰は利潤と固定費用の和で定義される。だから①における生産者余剰は1216である。他方生産者に対して税金が課税された場合は，その税収も余剰の一部にカウントする。よって②での生産者余剰と定額税の合計は1216と①と変わらない。だが③では1190に減少する。つまり定額税の場合では生産者行動に影響を及ぼすことはないため，生産者余剰に与える影響もない。しかし従量税の場合には生産量が小さくなるため，税収が余剰の一部に加算されるにしても必ず減少する。

第6章

問題1

① 20

② 与えられている需要関数を逆需要関数 $p = -(1/2)D + 40$ にする。ここに消費者を納税義務者とする間接税（従量税）を導入する。いま従量税率が15なので，財1単位に対して消費者が支払う金額は $p+15$ に増加する。ここで課税後の需要量を D' とすると，逆需要関数より $p+15 = -(1/2)D' + 40$ が成り立つから，$D' = 50 - 2p$ が課税後の需要関数となる。これと供給曲線と連立させれば，均衡取引量は10となる。

③ 課税前の社会的余剰は300，課税後のそれは225と簡単に計算できるから，求める死荷重は75である。

問題2

① $(p^*, X^*) = \left(\dfrac{bc+ad}{b+d}, \dfrac{a-c}{b+d} \right)$

② 問題1と同じ方法で解く。

$$(p_t^*, X_t^*, p_c^*) = \left(\frac{bc + d(a-t)}{b+d}, \frac{a-c-t}{b+d}, \frac{b(c+t)+ad}{b+d} \right)$$

③ $\qquad Maximize \quad T = tX_t^* = \dfrac{t(a-c-t)}{b+d}$

を解く．一階の条件から $t = (a-c)/2$ である．

④ 課税前の社会的余剰は $(a-c)^2/2(b+d)$，課税後のそれは $\{(a-c)^2 - t^2\}/2(b+d)$ であるから，ここでの超過負担を w とすれば $w = t^2/2(b+d)$ である．ゆえに $t=0$ のときに w は最小（$=0$）になる．

問題3

① 例題3の③にならって，個人 A の効用最大化問題を考える．

$$Maximize \quad U_A = x_A^{1/2} y_A^{1/2}$$

$$Subject \ to \quad \begin{cases} x_B^{1/2} y_B^{1/2} = \overline{U} \\ x_A + x_B = 7 \\ y_A + y_B = 7 \end{cases}$$

ラグランジェ関数を，

$$\Lambda = x_A^{1/2} y_A^{1/2} + \lambda(x_B^{1/2} y_B^{1/2} - \overline{U}) + \mu_x(7 - x_A - x_B) + \mu_y(7 - y_A - y_B)$$

と定義する．一階の条件からラグランジェ乗数 λ, μ_x, μ_y を消去すると，

$$\frac{y_A}{x_A} = \frac{y_B}{x_B} \tag{1}$$

が得られ，これがパレート最適を満たす条件となる．

② 個人 i $(i = A, B)$ の所得を I_i として，

$$Maximize \quad U_i = x_i^{1/2} y_i^{1/2}$$

$$Subject \ to \quad p_x x_i + p_y y_i = I_i$$

を解く．この最適条件は $y_i/x_i = p_x/p_y$ である．各個人が直面する価格比は同じであるから，結局，

$$\frac{y_A}{x_A} = \frac{y_B}{x_B} = \frac{p_x}{p_y} \tag{2}$$

すなわちすべての個人の限界代替率が価格比に一致するとき，競争均衡が成立する．

問題4

① これまで通り各個人の最適化問題を解く.

$$\begin{cases} Maximize & u_A = x_A y_A^2 \\ Subject\ to & P_x x_A + P_y y_A = I_A \end{cases}$$

$$\begin{cases} Maximize & u_B = x_B^2 y_B \\ Subject\ to & P_x x_B + P_y y_B = I_B \end{cases}$$

ただし $I_i\ (i=A,B)$ は個人 i の所得であり,③で定義する.答えは以下の通り.

$$(x_A^*, y_A^*) = \left(\frac{I_A}{3P_x}, \frac{2I_A}{3P_y} \right) \tag{1}$$

$$(x_B^*, y_B^*) = \left(\frac{2I_B}{3P_x}, \frac{I_B}{3P_y} \right) \tag{2}$$

② この企業は x 財を生産要素として y 財を生産するから,直面する費用は $P_x x$ である.そして生産した y 財は P_y で販売されるから,この企業の目的関数は,

$$Maximize \quad \pi = P_y(10\sqrt{3x}) - P_x x$$

で与えられる.これを解けば $x_f^* = 75(P_y/P_x)^2$ であり,これを問題の生産関数に代入すれば,生産量は,

$$\bar{y} = \frac{150 P_y}{P_x} \tag{3}$$

となる.

③ まず各個人の所得を求める.彼らは x 財のみを当初保有しているから,これをすべて市場で売却して収入を得る.そして企業の利潤 $\pi^* = 75 P_y^2/P_x$ が配当として均等に配分される.所得はこの合計だから,

$$(I_A, I_B) = \left(570 P_x + \frac{75 P_y^2}{2P_x}, 210 P_x + \frac{75 P_y^2}{2P_x} \right) \tag{4}$$

となる.(1)式から(4)式を用いれば,ED_y は次のようになる.

$$ED_y = \frac{450 P_x}{P_y} - \frac{225 P_y}{2 P_x} \tag{5}$$

④ 価格比は(5)式がゼロのもとで求められる.(5)式は簡単に,

$$ED_y = \frac{225 P_y}{2P_x} \left(\frac{2P_x}{P_y} + 1 \right) \left(\frac{2P_x}{P_y} - 1 \right) = 0$$

と整理できるから $P_x/P_y = 1/2$,これが答えになる.

（コメント）もちろん④は x 財の超過需要関数 ED_x を使って計算できます。また $P_y/P_x=0, P_x/P_y=-1/2$ も解の候補となりえますが，各財の価格が正であるかぎり，これらが解になることはありません。

第7章

問題1

解答に先立って，取引量を Q として(6-15)式および(6-16)式より社会的余剰 SW を定義する。また各ケースの答えを下添え字で区別する。

$$SW = \frac{1}{2}Q^2 + (100-Q)Q - 40Q = -\frac{1}{2}Q^2 + 60Q \tag{1}$$

(a)
$$Maximize \quad \pi = -Q^2 + 60Q$$

を解く。供給量と価格の組合せは $(Q_a, P_a) = (30, 70)$ であり，Q_a を(1)式に代入すれば $SW_a = 1350$ である。

(b) 売上を R とおいて，
$$Maximize \quad R = -Q^2 + 100Q$$

を解く。一階の条件を通じてこのケースでの供給量と価格の組合せは $(Q_b, P_b) = (50, 50)$ であり，Q_b を(1)式に代入して $SW_b = 1750$ である。

(c) (1)式を最大にする問題を解く。一階の条件を通じてこのケースでの供給量と価格の組合せは $(Q_c, P_c) = (60, 40)$ であり，Q_c を(1)式に代入して $SW_c = 1800$ である。

問題2

$$Maximize \quad \pi = -\frac{5}{4}x^2 + 90x$$

を解く。一階の条件より生産量と価格の組合せは $(x^*, p^*) = (36, 54)$ であり，①は正しい。計算した解を目的関数に代入して $\pi^* = 1620$ であり，③も正しい。次にラーナーの独占度を計算する。(7-3)式および(7-4)式より $\theta = 2/3$ であり，②も正しい。よって残った④が正解となる。

（コメント）念のため計算によって確認します。供給独占市場での社会的余剰は2268，完全競争市場でのそれは2700であるから，死荷重は432となります。

問題3

① 完全競争企業として行動するとは，生産物価格を所与として利潤最大化行動をとることであった．だからこのケースでは，

$$Maximize \quad \pi = p\sqrt{L} - L$$

を解けばいい．ここから供給関数は $p = 2q$ と計算でき，問題の需要関数と連立させて，答えの組合せは $(p^*, SW^*) = (240, 18000)$ となる．

② 問題の生産関数から $L = q^2$ であり，これが費用関数となる．これと需要関数から，

$$Maximize \quad \pi = -\frac{3}{2}q^2 + 300q$$

を解く．ここから答えの組合せは $(p^{**}, SW^{**}) = (250, 17500)$ となる．

問題4

① $P_1 = P_2$ として問題にある需要関数を足して逆需要関数で表現すると，$P = -2Q + 142$（ただし $Q > 17/2$）である．これを使えば，

$$Maximize \quad \pi = -2Q^2 + 132Q - 2000$$

が目的関数となる．

② $P^* = 76$

③
$$Maximize \quad \Pi = (-10Q_1^2 + 200Q_1) + \left(-\frac{5}{2}Q_2^2 + 115Q_2\right) - 2000$$

を解く．その答えは $(P_1^*, P_2^*) = (110, 135/2)$ である．

④ 差別価格政策を規制された場合の利潤は178，規制されない場合のそれは $645/2$ であり，後者の方が大きい．

第8章

問題1

$$Maximize \quad \pi_i = -x_i^2 + (9 - x_j)x_i$$

（ただし $i, j = 1, 2, i \neq j$）から導出される反応関数を連立させて $x_1^* = x_2^* = 3$，これを問題の逆需要関数に代入して $P^* = 4$ である．

問題2

独占の答えを上添え字 m，複占の答えを上添え字 d で区別する．

① 前章の導出ロセスを通じて $P^m=(A+c)/2$ となる．

② (6-15)式より $CS^m=(A-c)^2/8B$．

③ 各企業の生産量を q_i $(i=1,2)$ として，

$$Maximize \quad \pi_i=-Bq_i^2+(A-Bq_j-c)q_i$$

を解く（ただし $i,j=1,2,i\neq j$）．ここから答えは $q_1^d=q_2^d=(A-c)/3B$ となる．

④ ベルトラン・パラドックスより $P^d=c$

⑤ ④の答えを問題の逆需要関数に代入して $Q^d=(A-c)/B$，よって $CS^d=(A-c)^2/2B$ である．

問題3

問題文を読めば，企業1が先駆者で企業2および3が追随者という構造を持っている．企業2および3は企業1の生産量 q_1 を観察したもとで，

$$Maximize \quad \pi_j=-3q_j^2+\{8-3(q_1+q_k)\}q_j$$

を解く（ただし $j,k=2,3,j\neq k$）．これより $q_2=q_3=(8-3q_1)/9$ が企業2および3の反応関数として得られる．これをもとに企業1は，

$$Maximize \quad \pi_1=-q_1^2+\frac{8}{3}q_1$$

を解く．よって $q_1^*=4/3, q_2^*=q_3^*=4/9$ が答えとなる．

問題4

$$Maximize \quad \pi_i=-y_i^2+(1-by_j)y_i$$

（ただし $i,j=1,2,i\neq j$）を解く．その答え $y_1^*=y_2^*=1/(2+b)$ は $b>0$ の範囲で一様減少関数である．よってこれに該当する選択肢は③のみである．

問題5

① 低コスト企業を考える．

$$Maximize \quad \pi_j=(1-\sum_{i\in H}q_i-\sum_{j\in L}q_j)q_j-c_lq_j$$

の一階の条件は，

$$1-\sum_{i\in H}q_i-\sum_{i\in L}q_j-q_j-c_l=0$$

である．ここで「同じ費用条件に服する企業は同じ生産量を選択する」とあり，

これは,

$$\sum_{i \in H} q_i = \alpha n q_i, \quad \sum_{j \in L} q_j = (1-\alpha) n q_j$$

が成り立つことを意味する. ここから低コスト企業の反応関数は,

$$q_j = \frac{1 - c_l - n_h q_i}{1 + n_l} \tag{1}$$

となる. ここで $\alpha n \equiv n_h$ は高コスト企業数, $(1-\alpha) n \equiv n_l$ は低コスト企業数である. これと同じ考え方から, 高コスト企業の反応関数は,

$$q_i = \frac{1 - c_h - n_l q_j}{1 + n_h}$$

となる. ここからクールノー均衡は,

$$(q_i^*, q_j^*) = \left(\frac{1 + n_l c_l - (1 + n_l) c_h}{1 + n}, \frac{1 + n_h c_h - (1 + n_h) c_l}{1 + n} \right) \tag{2}$$

と計算でき, 均衡価格は,

$$p^* = \frac{1 + n_l c_l + n_h c_h}{1 + n} \tag{3}$$

となる.

② (2)式より $q_i^* > 0$ であるためには,

$$c_h < \frac{1 + n_l c_l}{1 + n_l} \tag{4}$$

でなければならない. これを図示したものが付図である. そして(4)式と問題文にある条件 $0 < c_l < c_h < 1$ を同時に満足する領域は, 図の陰をつけた三角形の面積だけである. この三角形内に (c_l, c_h) の組合せがある限りにおいて, 高コスト企業の生産が可能になる.

次に企業数 n が増加したときの影響を見る. 仮定より n の増加は n_l の増加を意味し,

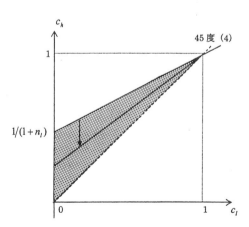

付図　高コスト企業の生産可能条件

よって(4)式が下に移動するから，高コスト企業が生産可能となる領域が小さくなる．つまり産業に存在する企業数が多いほど，そこにおける高コスト企業は生産できにくくなることを示している．

③　高コスト企業がこの市場から撤退したケースは，(1)式において $q_i = 0$ とおいた状況に該当する．よって均衡生産量と均衡価格の組合せは，

$$(q_j{}^{**}, p^{**}) = \left(\frac{1 - c_l}{1 + n_l}, \frac{1 + n_l c_l}{1 + n_l} \right) \tag{5}$$

となる．これと(3)式から，2つの価格の大小比較をする．

$$p^* \gtreqqless p^{**} \Leftrightarrow c_h \gtreqqless \frac{1 + n_l c_l}{1 + n_l} \quad （複号同順）$$

この条件は本質的に(4)式と同じである．たとえば付図の陰部分に (c_l, c_h) の組合せがあるとき，高コスト企業も生産できるのに撤退してしまったので $p^* < p^{**}$ が成り立つ．これはただちに $Q^* > Q^{**}$，すなわち $CS^* > CS^{**}$ である．この結果は，高コスト企業が生産可能なもとでその撤退は厚生（とりわけ消費者余剰）上望ましくないことを示している．逆は逆である．すなわち付図の陰部分より上の領域に (c_l, c_h) の組合せがあるとき，高コスト企業が撤退したおかげで $p^* > p^{**}$ が成り立つ．これは $CS^* < CS^{**}$ であって，高コスト企業の撤退は厚生（消費者余剰）の観点からは望ましいことになる．

（コメント）この問題は，「生産（費用）効率の悪い企業は市場から撤退すべき」という主張が必ずしも妥当せず，ある程度の許容力があることを示したものです．とりわけ（付図を見れば分かる通り）当該産業において高コスト企業数が少ない（α が小さい）ほど，低コスト企業の費用効率がかなりいい場合には高コスト企業におけるかなりの費用効率の悪さが許容されます．しかし（当然ですが），当該産業において低コスト企業の費用効率そのものがよくない場合には，それより費用効率の悪い高コスト企業は許容されません．

第9章

問題1

数量を x とする．

①　$(x_0, SW_0) = (80, 5600)$．なお $P_0 = mc = 20$ である．

208

② 消費1単位当たり10を価格以外に支払わなければならないから，第6章練習問題1および2の考え方を援用して需要関数は $p=90-x$ に修正され，ここから $x_1=70$ となる．

（コメント）この外部不経済を放置することで生じる死荷重は，社会的に望ましい厚生水準2450から放置した状態のときの厚生2400の差をとった50と計算できます．

問題2

$g_A=g_B=G$ として，与えられた需要関数の右辺を足すと $30-G$ だから，これと供給曲線から $G^*=10$ であり，社会的余剰は150となる．

問題3

①
$$Maximize \quad U^1=c_1+\frac{1}{2}G^{1/2}$$
$$Subject\ to \quad \begin{cases} c_2+G^{3/4}=\overline{U} \\ c_1+c_2+G=2 \end{cases}$$

を解く．これを解いて，サミュエルソンの公式は $1/4G^{1/2}+3/4G^{1/4}=1$ であり，これを整理すれば，

$$(4G^{1/4}+1)(G^{1/4}-1)=0$$

となって，$G^*=1$ が答えとなる．

②
$$\begin{cases} Maximize \quad U^1=c_1+(1/2)(g_1+g_2)^{1/2} \\ Subject\ to \quad c_1+g_1=1 \end{cases}$$

から，

$$g_1+g_2=\frac{1}{16} \tag{1}$$

$$\begin{cases} Maximize \quad U^2=c_2+(g_1+g_2)^{3/4} \\ Subject\ to \quad c_1+g_2=1 \end{cases}$$

から，

$$g_1+g_2=\frac{81}{256} \tag{2}$$

がそれぞれ得られる．(1)式は個人1が最大 $1/16$ しか公共財を購入する意思のないこと，同様に(2)式は個人2が最大 $81/256$ しか公共財を購入する意思のな

いことをそれぞれ表している.

　たとえば当初 $g_1=1/16, g_2=0$ であったとする. このとき(2)式より個人2は公共財を0から65/256に増加させる. ところがこの動きによって個人1の公共財量は1/16から $-49/256$ に, すなわち彼(彼女)の公共財の購入意思は完全になくなる. ゆえに個人2のみが公共財を購入し続け, 最終的に $G^{**}=g_2=81/256$ が均衡の公共財量となる. これと①の結果より, 題意が示される.

　③　$p_1+p_2=1$ として, 以下の問題を個別に解いて各個人の公共財需要量を計算する.

$$\begin{cases} Maximize & U^1=c_1+(1/2)\,G^{1/2} \\ Subject\ to & c_1+p_1G=1 \end{cases} \Rightarrow G=(4p_1)^{-2}$$

$$\begin{cases} Maximize & U^2=c_2+G^{3/4} \\ Subject\ to & c_2+p_2G=1 \end{cases} \Rightarrow G=(3/4p_2)^4$$

これを解いて, $p_1=1/4, p_2=3/4$ となり, このときの公共財量は1となる.

第10章

問題1

　①　期待所得は $\bar{x}=0.4\times25+0.6\times100=70$ であり, 確実にもらえる所得と同じである. しかし問題の効用関数が凹関数なので,

$$U[70]>0.4U[25]+0.6U[100]$$

が成り立つ. だから危険回避者であるAさんは確実に70万円をもらうことを好む.

　②　Aさんの持つクジの売却価格を p とする. 売却が実現すればその所得 p は確実に得られるから, 与えられた効用関数より $\sqrt{p}\geq0.4\sqrt{25}+0.6\sqrt{100}$ を満たすならばAさんはこのクジを売却する. これを解いて $p\geq64$, すなわちクジの売却価格の下限は64万円である.

　③　Bさんは手元に q 円持っているとする. これを放出してクジを購入するならば, 与えられた効用関数から, $\sqrt{q-25}\leq0.4\sqrt{25-25}+0.6\sqrt{100-25}$ を満たすはずである. これを解いて $q\leq52$, すなわちクジの購入価格の上限は52万円である.

以上の結果を踏まえるとＡさんとＢさんで価格の乖離があるため，AB間でのこのクジの売買は成立しない．

問題 2

経営者が努力水準 $e=0$ を選べば給与 w_L は確実に得られる．そのときの経営者の効用は，

$$u[w_L, 0] = \sqrt{w_L} \tag{1}$$

である．他方経営者が努力水準 $e=1$ を選べば確率 1/2 で w_H，確率 1/2 で w_L の給与がもらえる．そのため経営者の期待効用は，

$$EU = \frac{1}{2}(\sqrt{w_H} + \sqrt{w_L}) - 1 \tag{2}$$

で与えられる．ここで経営者が $e=1$ を選ぶならば，(1)式および(2)式より $EU \geq u[w_L, 0]$ を満たしており，これを解いて $w_H \geq (2+\sqrt{w_L})^2$ が成立しなければならない．いま $w_L = 16$ なので，$w_H \geq 36$ となる．

問題 3

① 2人の農民の効用関数が同じなので，

$$Maximize \quad u_i = (x_i y_i)^{1/4}$$
$$Subject\ to \quad x_i + p y_i = I_i$$

を解く．各財の需要関数は，

$$(x_i, y_i) = \left(\frac{I_i}{2}, \frac{I_i}{2p}\right) \tag{1}$$

であり，間接効用関数は，

$$v[I_i, p] = \left(\frac{I_i^2}{4p}\right)^{1/4} \tag{2}$$

となる．

② 状態1が実現したもとで農民Aは，

$$Maximize \quad \pi_A = p(2\sqrt{z_A}) - z_A$$

そして農民Bは，

$$Maximize \quad \pi_B = p(4\sqrt{z_B}) - z_B$$

を解く．その答えは以下の通りである．

$$(z_A, q_A, \pi_A) = (p^2, 2p, p^2) \tag{3a}$$

$$(z_B, q_B, \pi_B) = (4p^2, 8p, 4p^2) \tag{3b}$$

次に y 財価格 p を計算するために x 財の超過需要関数を導出する（y 財の超過需要関数を用いても結果は同じ）．そのために各農民の所得を計算する．問題文と(3)式より，

$$(I_A, I_B) = (1+p^2, 1+4p^2) \tag{4}$$

であり，ここから，

$$ED_x = x_A + x_B + z_A + z_B - 2 = \frac{15}{2}p^2 - 1$$

が x 財の超過需要関数となる．ここから $p^* = \sqrt{2/15}$ が競争均衡における価格となる．よってこれと(1)，(3)および(4)式から，求める答えは以下の通りである．

$$(x_A^*, y_A^*, z_A^*, q_A^*) = \left(\frac{17}{30}, \frac{17}{30}\sqrt{\frac{15}{2}}, \frac{2}{15}, 2\sqrt{\frac{2}{15}}\right)$$

$$(x_B^*, y_B^*, z_B^*, q_B^*) = \left(\frac{23}{30}, \frac{23}{30}\sqrt{\frac{15}{2}}, \frac{8}{15}, 8\sqrt{\frac{2}{15}}\right)$$

③　各農民の y 財生産決定においては所得の影響を受けない．影響を受けるのは各財の需要すなわち超過需要である．一括移転後の所得を $\tilde{I}_i$ とすれば $\tilde{I}_A + \tilde{I}_B = I_A + I_B + t_A + t_B$ であるが，問題文から $t_A + t_B = 0$ なので，各農民の所得合計は一括移転後も不変である．したがって超過需要は不変であり，ゆえに p^* も不変となる．

④　問題文を仔細に見ると，状態1における生産関数を入れ替えれば状態2のそれに一致する．また各農民の持つ x 財賦存量が同じなので，状態1と2では(3)式と(4)式が入れ替わる構造となっている．ゆえに状態2でも p^* は同じとなる．

ここで(4)式に注目する．これをみれば状態1では農民Bの所得が多く，ということは状態2では農民Aのそれが多くなる．したがって政府が一括移転を行う場合，状態1では農民BからAへ，そして状態2では農民AからBへ行われるはずである．そこで状態 k $(k=1,2)$ における一括移転を t_k とする．また各状態における各農民の所得を I_i^k とする．このとき政府の目的を W とすれば(2)式を用いて，

$$W = \frac{1}{2}\left[\left\{\frac{(I_A^1+t_1)^2}{4p^*}\right\}^{\frac{1}{4}} + \left\{\frac{(I_B^1-t_1)^2}{4p^*}\right\}^{\frac{1}{4}}\right]$$

$$Maximize \qquad\qquad + \frac{1}{2}\left[\left\{\frac{(I_A^2-t_2)^2}{4p^*}\right\}^{\frac{1}{4}} + \left\{\frac{(I_B^2+t_2)^2}{4p^*}\right\}^{\frac{1}{4}}\right]$$

$$= \frac{1}{2}\left(\frac{1}{4p^*}\right)^{\frac{1}{4}}\{\sqrt{I_A^1+t_1}+\sqrt{I_B^1-t_1}+\sqrt{I_A^2-t_2}+\sqrt{I_B^2+t_2}\}$$

で定義される。t_1 に関する一階の条件から $t_1=(I_B^1-I_A^1)/2$ であり、(4)式および $p^*=\sqrt{2/15}$ を代入すれば $t_1=1/5$ となる。同じ要領で解くと $t_2=1/5$ となる。

第11章

問題1

① 保険料を p（万円）とする。そして保険の口数を H とすれば、保険数理上公平な状況は $pH=0.05\times10H$ であり、ここから $p=0.5$、すなわち5,000円である。

② いま保険料は1万円だから、

$$EU = 0.95\log(4000-H)+0.05\log(9H) \tag{1}$$

③ 一階の条件より $H^*=200$

④ 保険料から事故発生によって支払った保険料を控除して保険会社の期待利潤 $E\pi$ が定義される。③のもとでは $E\pi=200-0.05\times2000=100$ である。

⑤ この保険で事故発生時に総資産の全額をカバーできるのなら、この個人は実質的に不確実性に直面しないことになる。ここで保険料を p として、保険を400口購入したときに確実に手元に残る所得は $4000-400p$ である。この所得が保険非加入のもとでの期待資産3800に少なくとも一致していればこの個人は保険に加入する。ここから $p=1/2$ となる。

（コメント）問題に設定されている保険料1万円は保険数理上公平ではありません。それでもこの個人が保険に加入するのは、想定されている効用関数が対数関数であり、保険を購入しないもとで事故が起きた場合の効用が $-\infty$ になるためです。だから保険数理上不利であっても、③の答えに応じた口数の保険契約を結ぶことで、事故発生時の正の効用を維持できるわけです。

問題2

① ここでの保険会社の期待利潤 $E\pi$ は

$$E\pi = x - pz = (1 - pt)x$$

であり，これをゼロとおけば $t = 1/p$ となる．

② 保険数理上公平な内容であれば，保険契約は成立するはずである．

$$(1-p)(3000-x) + p(z-x) = 3000(1-p)$$

より，$x = pz$ であればよい．

③ 危険回避的な被保険者の効用関数を $u[y]$ とかく（y は利得である）．保険会社が t を任意に設定したもとで，この被保険者は，

$$Maximize \quad EU = (1-p[e])u[3000-x] + p[e]u[(t-1)x]$$

を達成するように e, x を選ぶ．まず e に関する一階の条件，

$$\frac{\partial EU}{\partial e} = p'[e](-u[3000-x] + u[(t-1)x]) = 0$$

は，$3000 - x = (t-1)x$ のときに満たされる．これを解いて，

$$x = \frac{3000}{t} \tag{1}$$

を得る．一方 x に関する一階の条件は，

$$\frac{\partial EU}{\partial x} = -(1-p)u'[3000-x] + (t-1)pu'[(t-1)x] = 0 \tag{2}$$

である．ここでもし(1)式のもとで(2)式が成立するならば $u'(-1 + tp[e]) = 0$ であり，これを解いて，

$$p[e] = \frac{1}{t} \tag{3}$$

すなわち，保険会社が設定した t に対して(3)式を満たすように e が決定される．そして(1)式および(3)式から $x = 3000p[e]$ であり，これは全焼火災発生時に時価評価を満額保証する契約内容になっている．また(3)式は①の答えより，保険会社の期待利潤がゼロになっていることを意味する．

問題の保険料率の定義が例題1のものと逆になっている．そこで $1/t$ を保険料率と読み替えて上記の結果を考察してみる．まず(3)式より，被保険者のより高い火災防止努力を引き出すには保険料率を低く設定した方が保険会社にとって望ましい．これは同時に(1)式より保険料が低く設定されていることを意味する．つまり保険会社の設定する低い保険料率は，被保険者にとって支払う保険

料の割に（火災発生時に）高い便益を得られると映り，彼らは積極的に保険に加入することが予測される．そしてそのことが同時に火災防止努力も引き出すのである．

あとがき

　本書の企画は，安藤洋美先生（桃山学院大学名誉教授）が仲介になって現代数学社の富田栄氏とお会いした折に，「大学院入試の『赤本』を作りたい」との申し出があったことがきっかけです．『赤本』といえば言わずと知れた大学別の入試問題を網羅した対策本です．このとき「社会科学系の人間が理工学系の数学がスラスラ解けるわけがない！」と思い，恐る恐る「経済学研究科で出題されたものなら何とかなるかもしれません」と返答したことが，最終的に本書の刊行に結実したわけです．

　私は大学で教鞭をとる以前の2年ほど，公務員試験対策予備校で講師をしていました．受講生の立場からは正当な主張（？）ですが，彼らの常套句「この公式，覚えればいいんですよね」という言葉に，当時の私は返す言葉を用意できていませんでした．公務員試験は解答形式が択一式であることを除けば出題形式は大学院入試と同じ文章題で，文章中に含まれるヒントから数式を立てて計算しなければなりません．私としては問題文から式を立てるコツを教えることが最重要だと思う反面，受講生たちは覚えた公式を使いこなすコツを教わりたがるのが実情です．教育現場を予備校から大学に変えたところで事情はそう変わりません．数式を多用した内容の中に現実との接点を強調した講義進行をしても，学生はそんなことお構いなしに「試験はどこが出るんですか？」と真面目さを装い，「これを知って何の役に立つんですか？」と嘯く．こうした教員の教育上の意図と受講生のニーズ（らしきもの）との間に横たわる溝を埋め切れたか？しかし，Yes と言い切るだけの自信を10年以上教育現場に立っていながら持ち合わせているわけではありません．

　「公式」というのはある意味マニュアルのようなもの，それを知っていれば必要に応じて対応させればよく，余計なことを考える必要がない印象を受けます．ただしマニュアルは「必要に応じて…」の部分が明確になっていますが，公式は何も明言していません．公式はある特定状況から論理を出発させて矛盾なく到達する結果を示したものです．経済学で示される数多くの命題や定理に

ついても事情は同じです．これらは議論の出発点で想定した世界観を「認めたならば」という前提があって初めて成立するものであって，決してあらゆる世界で成立する事項を語っていません．だから経済学で示される命題や定理をマニュアルのごとく暗記するのは愚の骨頂でしかありません．この辺りの溝や誤解をうまく解きほぐしながらも経済学の王道部分を正面から提示できるテキストができれば…，そう考えていたときの富田氏の提案，私にとってはまさに「渡りに船」，これがチャンスと引き受けたのが正直なところです．

『大学院へのマクロ経済学講義』でも触れていますが，本書は同僚の藤間真先生が『理系への数学』誌上で持っていた連載「大学院入試問題散策―解析学講話―」を拝借して3回（2005年10～12月号），それを足がかりに「院への経済数学周遊」を12回（2006年5月号～2007年4月号），合計15回の連載内容がもとになっています．ここで初出を挙げておきます．

第3・4章：「大学院入試問題散策⑤ ―解析学講話―」
　　　　　　「院への経済数学周遊① ―ラグランジェ乗数法を用いた消費者行動の分析―」
第5章：「院への経済数学周遊② ―生産者行動の分析手法―」
第6章：「院への経済数学周遊③ ―市場に関する理論（その1）―」
　　　　　「院への経済数学周遊④ ―市場に関する理論（その2）―」
第7・8章：「院への経済数学周遊⑤ ―市場に関する理論（その3）規制緩和―」
　　　　　　「院への経済数学周遊⑥ ―供給独占市場分析の応用―」
　　　　　　「院への経済数学周遊⑦ ―供給複占市場分析における価格戦略―」
第10章：「院への経済数学周遊⑧ ―不確実性を伴う分析の手法―」

連載内容を単行本にまとめるに当たって，当初は1冊で刊行することを考えていました．この作業のために新たに入試問題を入手して精査していく中で書くべき内容が膨張してしまい，思案した結果，『ミクロ経済学講義』および『マクロ経済学講義』の2分冊での刊行の運びとなりました．そのせいだけではないのですが，連載終了から刊行までに相当の時間を要してしまいました．その分，解答およびその経済学的含意についての丁寧な解説，そしてそこから見え

るミクロ経済学体系の広がりをイメージできるように執筆したつもりです．もちろん本書でその意図が伝わったかどうか，その判断は読者に仰がなければなりません．

　本書を刊行するに当たって，各方面からご協力を賜りました．近森恭子さんには問題収集に尽力して頂きました．連載段階において井辺弘迪君，近藤司佳さん，住吉山典子さん，鈴木高志君，弘田祐介氏（大阪市立大学大学院），道上真有氏（日本学術振興会特別研究員：当時）には原稿を一読の上，丁寧なアドバイスを頂きました．また単行本への作業において，文字校正を青木希代子さんにして頂きました．三原裕子氏（大阪市立大学大学院）には原稿チェックを幾度となく行った上で，内容の不備等をアドバイスして頂きました．そして名前は挙げませんが本書の刊行に際して有形無形の支援をして頂いたすべての方に改めて深謝します．

　最後に，本書の企画段階からすべてにご尽力頂いた富田栄氏が本書の刊行直前に逝去されました．氏の企画説明における雄弁さ，連載時における私の不安を取り除くさりげないフォロー，そして私が本書刊行を決意した際の間髪入れないプッシュ，お付き合いする時間は短かったですが，そのすべてが忘れられません．だからこそ，本書を氏の生前に刊行できなかったことが残念でなりません．故富田栄氏の遺志を引き継ぎ，本書の刊行に尽力して頂いた富田淳氏に深謝するとともに，本書を氏の霊前に捧げます．

索　引

著者紹介：

中村 勝之 (なかむら・かつゆき)

1971 年　山口県下関市生まれ.
1994 年　大阪教育大学教育学部教養学科卒業.
1999 年　大阪市立大学大学院経済学研究科後期博士課程単位取得. 同年, 龍谷大学経済学部特定任用教員.
2001 年　桃山学院大学経済学部専任講師. 2002 年に同大学助教授.
2007 年　同大学准教授.
2016 年　同大学教授. 現在に至る.

主要著書・論文：

『学生の「やる気」の見分け方』(文庫改訂版) 幻冬舎 (2021 年)
『新装版　大学院へのマクロ経済学講義』現代数学社 (2021 年)
「年金未納者への罰則の導入と経済厚生」(2007 年)
「最適成長モデルにおける再生可能資源の持続可能性条件」(2008 年)
「数学の基礎学力と経済学理解度との関係について」(2007 年)

新装版　大学院へのミクロ経済学講義

2022 年 4 月 22 日　新装版 第 1 刷発行

著　者　　中村勝之
発行者　　富田 淳
発行所　　株式会社　現代数学社
　　　　　〒 606–8425 京都市左京区鹿ヶ谷西寺ノ前町 1
　　　　　TEL 075 (751) 0727　FAX 075 (744) 0906
　　　　　https://www.gensu.co.jp/
装　幀　　中西真一 (株式会社 CANVAS)
印刷・製本　　亜細亜印刷株式会社

ISBN 978-4-7687-0581-0　　　　　　　　　2022 Printed in Japan